U0032845

本書的使用方法

◎份量計算標準是1大匙＝15ml，1小匙＝5ml，1杯＝200ml，1杯量米杯＝180ml。

◎生薑5g＝帶皮約大拇指的一半大小，生薑10g＝帶皮約大拇指大小，

　薑泥1撮＝約1g。

◎微波爐的使用以700瓦為準。

　加熱時間有時會因機種而異，請自行斟酌。

◎食譜的份量標示基本上為2人份。

生薑料理專賣店店主
森島土紀子

生薑女神的
養生美容下酒菜

生薑女神的悄悄話　～前言～

「簡單」，其實才是最困難的。

本書介紹了100道以上「簡單」又美味的下酒菜，
而且每一道食譜都以生薑入菜。
雖然我很喜歡喝酒，
但面對這項難度頗高的功課，還是不禁有點緊張。

想要馬上吃，想要馬上喝，
想要過得健康又幸福。
我深信生薑會實現以上所有願望。

試著把生薑加入那道菜會怎麼樣？
用那種食材搭配生薑一定會迸出好滋味吧？
像這樣構思食譜的時光，是我最幸福的一刻。

從適合生薑的最佳食材，
到出乎意料合拍的食材，
書中用的是人人都可以輕鬆在家烹調的材料。

簡單又可口，能讓大家開心同樂的下酒菜，
不論是愛喝酒或不愛喝酒的人都能樂在其中。
充滿歡笑的餐桌上，就是少不了生薑。

來吧！要不要試著與生薑一同展開愉快的饗宴呢？

CONTENTS

1 擊退寒症

生薑最大的作用是
暖和身體，
攝取加熱過的生薑
更能提升效果。

生薑女神也贊成

不僅美味可口，
還能讓你美麗又健康！
生薑的
效果・功能為何？

生薑蘊含 400 種以上的健康成份，
可說是超級萬能的食材。
溫熱身體的功效自不待言，
還有促進健康、美肌、瘦身和穩定心神的作用。
就算稱之為食療藥物也不為過。

監修　平柳 要博士

食品醫學研究所所長、醫學博士。
自東京大學研究所醫學研究科結業後，
擔任過國外的大學客座研究員、
日本大學醫學院副教授，而後從事現職。
以「生薑博士」之姿活躍在電視節目、雜誌、書籍和演講等領域，
基於科學根據闡述生薑功效，並介紹有益健康的料理方法。

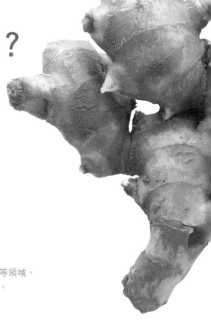

生薑的兩大健康成份是「薑醇」（gingerol）及「薑烯酚」（shogaol）。
新鮮生薑中富含薑醇，能夠抑制油脂吸收、提高醣類代謝，還可以預
防感冒、健胃整腸。而薑烯酚則能活化內臟機能，讓人從體內暖和起
來。儘管生薑中所含的薑烯酚成份很少，但經過乾燥或加熱，能使部
分薑醇轉化成薑烯酚，提升暖和的功效。生薑是不論生吃、乾燥或加

【振奮人心的生薑 7 大功效】

2 提高免疫力

生薑會清除過剩的自由基，
增加白血球的數量，
以抵抗侵入體內的細菌。

3 瘦身效果

生薑能促進排汗、提高新陳代謝、
幫助體脂肪燃燒。攝取乾燥或加熱過的生薑
再進行有氧運動，效果更顯著！

4 健胃整腸

生薑能改善腸胃的
血液循環，提高消化吸收
的功能，健胃整腸。

5 美肌功效

薑烯酚的抗氧化功效
（消除自由基能力），
能夠去除肌膚的老廢物質，
促進皮膚的新陳代謝。

6 預防糖尿病

生薑中的薑醇能抑制血糖值上升，
薑烯酚則可提高代謝功能，
預防肥胖和糖尿病的效果備受期待。

7 預防失智症，抑制病情惡化

薑烯酚具有抗氧化、抗發炎及保護神經的功效，
能預防阿茲海默型失智症，抑制病情惡化。

熱都能發揮藥效的超級食材，每天理想的攝取量是新鮮生薑約 10g，
乾燥生薑約 1 ～ 2g。近年來，生薑對於預防中年婦女失智症和抑制
病情惡化的功效也備受矚目。2013 年的許多研究顯示薑烯酚擁有抗
氧化、抗發炎與保護神經的作用，能藉以保衛腦細胞，被視為生薑的
新功效。

生薑女神親授

現學現賣超實用！
生薑小知識

介紹大家一知半解的生薑二三事。
教你不論何時何地
都能美味享用生薑的秘訣。

生薑
總放在
竹籃中

【生薑的種類】

依照栽培方式和收穫時期的差異，生薑大致分為「根薑」和「葉薑」。收穫後儲藏 1 年左右的根薑稱為「老薑」，全年盛產，常見的褐色生薑即為此類；而收穫後直接販售的則稱「嫩薑」，盛產於初夏，顏色粉白，柔嫩多汁。此外，在日本帶葉販售的葉薑中，谷中生薑便頗負盛名。

【挑選生薑的方法】

新鮮的生薑表面光滑，沒有傷痕和皺褶，富含光澤及水分，表皮緊緻飽滿，就像人類的肌膚一樣！我的料理經常會將生薑連皮一起用，因此建議各位盡量選購國產無農藥的生薑。

【保存生薑的方法】

生薑不耐寒、怕乾燥，放在冰箱裡容易發霉或乾枯。假如每天都會用到，就放進竹籃後擺在陰涼處，避免陽光直射；用濕溼的報紙包好也能常保新鮮。此外還可以磨成泥或切成碎末後少量分裝、冷凍，雖然風味會稍微減弱，但隨時都能派上用場，相當方便。

【生薑的切法】

我都把生薑連皮一起用，因為接近表皮的部分含有豐富的營養。烹調時要仔細清洗，將髒汙徹底洗淨。

切片

沿著纖維，
切成1～2mm厚的薄片，
可用來製作糖漿或醃漬品。

切絲

將薑片疊起來切細，
可品嚐特殊口感，
也常會在起鍋前添加。

切末

將薑絲切細丁。
可用於燉煮、翻炒、
熬湯等，用途很廣。

磨泥

使用磨泥器磨成薑泥，
可直接當做辛香料
或加入飲品中，
十分方便。

薑粉

將乾燥的生薑
磨成粉末狀。
可在超市的
調味料區選購。

【生薑用量標準】

・生薑 5g ＝ 帶皮，約大拇指的一半大小
・生薑 10g ＝ 帶皮，約大拇指大小
・薑泥 1 撮（手指捻起的份量）＝ 約 1g

只要事先準備好這些，就能輕鬆完成本書介紹的料理！

無所不能！任何料理都能帶出深度！

生薑高湯醬汁

【 保存期限…冷藏約2週 】

◎生薑女神's小妙招

生薑高湯醬汁是我的常備品，除了燉煮，還能炒菜或當火鍋湯底，不管什麼料理都能派上用場。稀釋 2～3 倍後，還能直接當做烏龍麵或蕎麥麵的醬汁。此外，汲取高湯後剩下的食材渣滓別丟掉，可以用來自製拌飯的香鬆。只要切成粗末後用芝麻油翻炒，再以少許醬油調味，最後拌入炒芝麻就完成了。切記物盡其用，別浪費囉！

◎材料（便於製作的份量）

醬油…1 杯

味醂…1 杯

酒…1 杯

柴魚花…20g

柴魚片（厚削片）…25g

昆布…約 10cm

生薑皮

…2 塊份（約 10g）

小魚乾…約 10 尾

◎作法

1 小魚乾摘掉頭部和內臟。

2 所有材料放進鍋裡，煮沸 2～3 分鐘後熄火放涼。

3 用濾網瀝乾水分，再用湯勺等工具按壓，直到一滴不剩。

4 取出渣滓中的生薑皮，放回 3 的高湯保存。

香氣和風味都與眾不同！跨界大放異彩！

薑蒜芝麻油

【 保存期限…常溫下約2個月 】

◎材料（便於製作的份量）

芝麻油…1杯

生薑（切末）…20g

大蒜（切末）…2瓣

◎作法

1 將所有材料放進有蓋的
　瓶子裡靜置即可。

我家常備的魔法基底秘方，
缺一不可！

◎生薑女神's小妙招

薑蒜芝麻油可以用來煎肉、炒青菜、烹調蒜味義大利麵或製作沙拉醬，香氣十足
且風味濃郁，不論任何料理都適用。與其做好後立刻使用，不如放久一點，讓生
薑和大蒜的香味徹底滲透出來，才會變得更美味。此外我家也會常備以橄欖油代
替芝麻油調製而成的「薑蒜橄欖油」喔！

以清爽的甘甜取代砂糖，充分活用在料理上

生薑糖漿

【保存期限…冷藏約2個月】

◎材料（便於製作的份量）

生薑（切片）…50g

粗砂糖…500g

水…500ml

◎作法

1 生薑清洗乾淨，連皮切成薄片。

2 所有材料放進鍋裡煮，沸騰後轉為小火，熬煮約 20 分鐘，直到變得濃稠為止。

拍攝時提供給工作人員的飲料，也都加了生薑糖漿和酸橘！

◎生薑女神's小妙招

這款生薑香氣四溢、風味清爽的糖漿也是我家的常備品，除了甜點，還能加入燉煮料理和涼拌菜色中提味，非常好用。此外更可以加入飲料中享用，像是加進日式燒酒中，用冷水、熱水或氣泡水稀釋的檸檬汁與萊姆汁內，或是加入紅茶裡。要是與水果罐頭一起熬煮，就會變成美味的生薑糖漬水果。

Part 1

簡單快速的
下酒菜

輕鬆地攪拌、混合、添加就搞定！
不妨先用這些小菜下酒，痛快乾一杯吧！
做起來簡單又快速的各式下酒菜。

以和風醬襯托酪梨的濃郁風味

爽口酪梨佐生薑山葵沙拉醬

◎材料（**2**人份）

酪梨…1/2 個

A 生薑（磨泥）…5g

醋…3 大匙

芝麻油…1 大匙

砂糖…1 小匙

昆布茶…1 小匙

山葵膏…1 小匙

紫高麗苗…適量

◎作法

1 將 **A** 混合均勻。

2 酪梨去皮切片，淋上 **1** 的沙拉醬，再以紫高麗苗裝飾。

只需敲打再攪拌！生薑風味的爽脆小吃

鮮脆山藥拌柚子胡椒

◎材料（**2**人份）

山藥…100g

A 生薑高湯醬汁

（參照 P.14，市售的日式沾麵醬汁亦可）

…1 大匙

生薑（磨泥）…5g

海苔醬…2 大匙

柚子胡椒…1/2 小匙

青紫蘇…2 片

珠蔥…適量

◎作法

1 山藥去皮放進透明塑膠袋，用擀麵棍等工具敲打後與 **A** 混拌。

2 撒上切成 1cm 見方的青紫蘇與切好的珠蔥蔥花。

滿滿的洋蔥，就連沙拉醬也好吃！

番茄沙拉
佐生薑洋蔥沙拉醬 配薄荷葉

◎材料（**2** 人份）

番茄…2 個

A | 洋蔥（磨泥）…1/2 個

薑蒜芝麻油（參照 P.15）…3 大匙

醬油…2 大匙

砂糖…1 大匙

檸檬汁…1 大匙

鹽・胡椒…各少許

薄荷葉…適量

◎作法

1　將 **A** 混合均勻。

2　番茄切片，淋上 **1** 的沙拉醬，再擺上薄荷葉。

昆布的滋味畫龍點睛。配飯吃也超美味

生薑高湯蔬菜涼拌豆腐

◎材料（**2** 人份）

木綿豆腐…1/2 塊

A | 長蔥…50g

小黃瓜…1 條

日本茄子…1 個

茗荷…1/2 個

鹽…1/2 大匙

B | 生薑（切末）…10g

生薑高湯醬汁

（參照 P.14，市售的日式沾麵醬汁亦可）

…1 大匙

昆布絲…5g

水…3 大匙

柴魚花…少許

◎作法

1　將 **A** 的蔬菜切碎，用鹽搓揉。

2　將 **1** 的蔬菜瀝掉水分，與 **B** 混合。倒在豆腐上，再放上柴魚花。

辛辣刺激，專為酒徒設計的下酒菜

脆醃蘿蔔乾絲

◎材料（2人份）

蘿蔔乾絲…30g

昆布絲…5g

魷魚乾絲…5g

A｜生薑（切末）…10g

　｜生薑高湯醬汁

　　（參照 P.14，市售的日式沾麵醬汁亦可）

　　…1 大匙

　｜柑橘醋醬油…2 大匙

　｜辣椒圓片…少許

◎作法

1 蘿蔔乾絲和昆布絲事先泡水去除澀味。

2 將 1 的水分擰乾，與魷魚乾絲和 A 混
　合即可。

泡菜、芝麻與鰹魚的風味堪稱絕配

鰹魚半敲燒佐生薑泡菜山藥泥

◎材料（2人份）

鰹魚半敲燒（市售品）…100g

山藥…70g

泡菜…30g

A｜生薑（磨泥）…5g

　｜芝麻粉…1 大匙

　｜醬油…1 大匙

　｜青紫蘇（切末）…3 ～ 4 片

海苔絲…適量

◎作法

1 鰹魚半敲燒切成骰子狀，泡菜切碎，山藥去皮磨成泥。

2 將 1 與 A 迅速混拌，盛入器皿中，擺上海苔絲。

加入生薑提升清爽口感，讓人不禁想來杯日本酒！？

生薑醋漬市售醋鯖魚

◎材料（**2人份**）

醋鯖魚（市售品）…半身

洋蔥…1/2 個

小黃瓜…1 條

鹽…少許

生薑（切絲）…5g

A │ 醋…3 大匙

│ 砂糖…1 大匙

│ 日式白醬油…1 大匙

◎作法

1 醋鯖魚切成 1cm 寬，洋蔥切絲後泡水
　去除澀味，小黃瓜切片後用鹽搓揉。

2 將 **1** 與 **A** 混合，最後加入生薑，迅速
　抓拌即可。

只要再加入生薑，納豆×泡菜就能迸發清爽好滋味

泡菜納豆涼拌豆腐

◎材料（2人份）

嫩豆腐…1/2 塊

納豆…1 盒

泡菜…30g

生薑（切末）…5g

生薑高湯醬汁（參照 P.14，市售的日式
沾麵醬汁亦可）…1 大匙

珠蔥（切蔥花）…適量

◎作法

1 在豆腐的正中央挖一個洞。泡菜切碎。納
豆要跟包裝內附的黃芥末與醬汁混勻。

2 將 1 挖出的豆腐與泡菜、納豆和生薑攪拌
混合。

3 將 2 放進 1 的豆腐洞裡，淋上生薑高湯醬
汁，撒上珠蔥。

喜歡辛香料的人絕對停不了筷子！重點在於撒上粗鹽

鹽味香辛章魚片

◎材料（**2人份**）

新鮮生章魚片⋯100g

A | 生薑（切末）⋯10g

　　 大蒜（切末）⋯2 瓣

　　 茗荷（切成圓片）⋯1 個

　　 青紫蘇（切絲）⋯2 片

　　 白髮蔥⋯適量

粗鹽⋯1/2 小匙

◎作法

1 章魚切成約 5 公分寬的薄片，擺上 **A**，
　再撒上粗鹽。

Column 歷史篇 ①

成為生薑女神之前 之1

從孩提時代到在學結婚

↑念小學時的我。餐桌上擺滿媽媽親手做的料理。→結婚禮服也是媽媽親手做的，穿在身上連我都變可愛了！（笑）

我從小就很喜歡吃生薑。壽司店老闆看我老是把壽司擺在一旁光吃甘醋薑片，索性叫我「甘醋薑片愛吃鬼」。媽媽自豪的煎餃便包了滿滿的生薑，是我最愛的食物之一。當時餐桌上總是擺滿她親手做的菜，我很喜歡幫她的忙，或許就是因為這樣，我念大學和哥哥兩人一起住的時候才會天天自炊。即使哥哥不在家，他的朋友也會特地來吃我做的菜，就算說我很會做菜也不為過吧？（笑）現在想想，當時做的肉醬及漢堡排也都一定會加生薑呢！之後到了大學四年級，我就以在學生的身分結婚了。

Part 2

要稍做調理的下酒菜

來吧來吧！派對正要開始！
稍微汆燙、拌炒就能
迅速上桌的下酒菜Part 2。

鱈魚子×奶油起司，將生薑融合在滋味濃郁的食材中

炒鱈魚子拌柴魚起司

◎材料（2人份）

鱈魚子…2 副

奶油起司…30g

A │ 生薑（切末）…5g
　　│ 柴魚花…少許

水菜…適量

◎作法

1　鱈魚子切成約2cm寬，放入平底鍋裡，
　　不加油，迅速翻炒。

2　奶油起司用微波爐加熱約 5 秒，使其
　　軟化，接著拌入 **1** 的鱈魚子和 **A**。盛
　　入器皿中，放上切碎的水菜。

超簡單！多虧了魔法基底——生薑高湯醬汁

生薑煮毛豆

◎材料（2人份）

毛豆（帶莢）…1/2 袋

生薑（切末）…10g

生薑高湯醬汁

（參照 P.14，市售的日式沾麵醬汁亦可）

…2 大匙

水…1 杯

◎作法

1 將所有材料放進鍋裡煮 5 分鐘左右即可。

薑蒜芝麻油讓料理一舉打動人心

酒蒸海瓜子

◎材料（2人份）

海瓜子…200g

A │ 薑蒜芝麻油（參照 P.15）…1 大匙
  │ 酒…3 大匙

鹽・胡椒…各少許

迷迭香…適量

◎作法

1 讓海瓜子吐沙。

2 吐沙後的海瓜子和 A 放進鍋裡，蓋上鍋蓋悶煮，等海瓜子開殼後，撒上鹽和胡椒再熄火。盛入器皿中，撒上迷迭香。

生薑糖漿替料理增添深度

蒟蒻絲菠菜核桃拌豆腐

◎材料（2人份）

蒟蒻絲…200g

菠菜…50g

嫩豆腐…100g

核桃…20g

A 生薑（切末）…10g

生薑糖漿（參照 P.16）…1 大匙

白味噌…2 大匙

芝麻粉…1 大匙

◎作法

1 蒟蒻絲與菠菜汆燙後瀝乾水分，切成容易入口的大小。嫩豆腐裹在廚房紙巾中，用重物按壓，濾掉水分。核桃放進透明塑膠袋裡，用擀麵棍等工具敲碎。

2 將 1 與 A 拌勻即可。

用生薑替明太子與雞蛋這道絕配菜色加分

生薑明太子炒蛋

◎材料（2人份）

A 雞蛋…2 個

明太子（搗散）…1 副

生薑高湯醬汁

（參照 P.14，市售的日式沾麵醬汁亦可）

…1 大匙

生薑（切末）…5g

酒…1 大匙

奶油…10g

義大利香芹…適量

◎作法

1 平底鍋加熱，放入奶油融化，再加入混合均勻的 A。

2 拌炒約 1 分鐘後盛入器皿中，以義大利香芹裝飾。

檸檬的酸味出奇清爽的時髦西式下酒菜

檸檬風味蛋

◎材料（2人份）

雞蛋⋯2 個

A｜水⋯2 杯
　｜檸檬汁⋯1/2 個

B｜生薑（磨泥）⋯5g
　｜番茄醬⋯2 大匙
　｜檸檬汁⋯1 大匙
　｜美乃滋⋯1 大匙

生薑（磨泥）⋯適量

荷蘭芹⋯適量

檸檬（切片）⋯適量

◎作法

1 將 A 放進鍋裡煮沸，再把打在碗裡的
　蛋迅速倒進鍋裡，等擴散的蛋白凝聚，
　2 ～ 3 分鐘後撈起來盛入器皿中。

2 將 B 調勻後淋在 1 上，以薑泥、荷蘭
　芹和檸檬片裝飾。

帶有些許起司香味的啤酒良伴

薑味薯餅

◎材料（2人份）

馬鈴薯…1 個

A | 生薑（切末）…5g
　 | 披薩用起司…30g
　 | 太白粉…1 大匙
　 | 鹽…少許
　 | 粗粒黑胡椒…少許

奶油…10g

紅椒‧黃椒…各少許

芥末子醬…適量

◎作法

1 馬鈴薯去皮切細絲，與 A 混合。

2 平底鍋加熱，放入奶油融化，再將 1
　倒入攤平，雙面煎到呈焦黃色。

3 撒上切碎的甜椒，一旁附上芥末子
　醬。

做成荷包狀，可愛動人地綻放

滑菇香蔥生薑歐姆蛋

◎材料（2人份）

雞蛋…3 個

A｜滑菇（瓶裝）…2 大匙
　｜長蔥（切蔥花）…30g
　｜生薑（切末）…10g
　｜鹽・胡椒…各少許

奶油…10g

萵苣…2 片

◎作法

1 將打散的雞蛋與 A 迅速混合，避免雞蛋打發。

2 平底鍋加熱，放入奶油融化，再將 1 倒進去，用叉子攪拌。等食材開始凝固後，就趁熱倒在鋪了兩層的保鮮膜上，捏成荷包狀。

3 盛入器皿中，擺上切絲的萵苣。

凸顯蘿蔔乾絲的爽脆口感

生薑高湯日式煎蛋 加蘿蔔乾絲

◎材料（2人份）

蘿蔔乾絲…10g

A | 雞蛋…2 個
　 | 生薑（切末）…10g
　 | 生薑高湯醬汁
　 | （參照 P.14，市售的日式沾麵醬汁亦可）
　 | …2 大匙
　 | 太白粉水…2 大匙
　 | 砂糖…1 大匙

沙拉油…1 大匙

烤海苔…1 片

芽蔥…適量

◎作法

1 蘿蔔乾絲事先用水泡開再切碎。

2 用 4 根筷子將 A 的材料混合均勻後加入 1。

3 將油倒在平底鍋加熱後，迅速將 2 倒進去，用筷子攪拌 1 分鐘左右，使其凝聚成長條狀。

4 切分成適當的大小，再用切好的烤海苔捲起，以芽蔥裝飾。

用3種不同的沾料來享用豐盛的蔬菜

花生醬汁與鹽味沾料的蔬菜熱沙拉

3種蔬菜沾料

[生薑鹽]

◎材料（便於製作的份量）
薑粉（市售品）…1/4 小匙
粗鹽…1 大匙

◎作法
1 將材料迅速混合即可。

[生薑花生醬汁]

◎材料（便於製作的份量）
花生醬…3 大匙
生薑高湯醬汁（參照 P.14，市售的日式沾
麵醬汁亦可）…2 大匙
生薑（切末）…5g
醋…1 大匙
松子…適量

◎作法
1 用生薑高湯醬汁溶合花生醬，再
加入薑末和醋混合，以松子裝飾。

[薑蒜芝麻油]

參照 P.15

汆燙・清蒸蔬菜

◎材料（便於製作的份量）
青花菜、花椰菜、
紅薯、紅蘿蔔、秋葵、
蘆筍、南瓜…各適量

◎作法
1 將蔬菜切成容易入口的大小，分
別清蒸（或汆燙）。

生薑
花生醬汁

生薑鹽

薑蒜芝麻油

將冰箱裡現有的材料迅速拌勻即可

豆芽小松菜火腿生薑涼拌小菜

◎材料（**2人份**）

豆芽…1 袋

小松菜…100g

火腿…2～3 片

A | 生薑（切末）…15g

生薑高湯醬汁

（參照 P.14，市售的日式沾麵醬汁亦可）

…3 大匙

芝麻粉…2 大匙

芝麻油…1 大匙

韓式辣醬…1 大匙

砂糖…1 小匙

鹽・胡椒…各少許

炒芝麻…適量

◎作法

1 小松菜和豆芽汆燙後瀝乾水分。將小松菜和火腿切成容易入口的大小。

2 將 **A** 攪拌均勻，再加入 **1** 混拌。盛入器皿中，撒上炒芝麻。

用大量芝麻補充營養。日式燒酒的好夥伴！

涼拌牛蒡

◎材料（2人份）

牛蒡（粗）…150g

A | 生薑高湯醬汁
　（參照 P.14，市售的日式沾麵醬汁亦可）
　…1/4 杯
　生薑（切末）…10g
　水…1 杯

B | 生薑高湯醬汁…1 大匙
　芝麻粉…4 大匙
　砂糖…1/2 大匙

◎作法

1 牛蒡用擀麵棍敲打後，切成 5 〜 6cm
　長，浸泡在水裡，去除澀味。

2 將 A 與 1 的牛蒡放進鍋裡，煮到變軟
　為止。

3 將牛蒡取出，和 B 拌勻即可。

Column 歷史篇 ②

成為生薑女神之前 之2

從開店到現在

這是我38歲那年開設「生薑」工作服專賣店時拍的照片。

這間店以我最寶貴的生薑命名。

我在畢業後成為全職主婦。熱衷創作的我當時邊帶小孩邊玩陶藝、做裁縫、畫繪本，一刻也閒不下來。卸下養兒育女的重擔後，開始和朋友一起製作女性用的工作服和小配件，開設了「生薑」工作服專賣店。剛開始雖然很順利，但自從車站前蓋了大型百貨後，業績就急遽下滑，因此我把一半的店鋪改裝成餐廳「生薑料理 Shoga」——當我在思考自己的強項時，第一個想到的就是生薑料理專賣店。現在雖然擴增為三家店，但當時我和員工、朋友可是坐在沒有客人的座位上，絞盡腦汁設計菜單呢！

稍微講究
工夫的
下酒菜

捲一捲,煎一煎……
雖然費點工夫,卻不費事。
好看又好吃的各式前菜。

以白味噌和生薑調味的清爽起司鍋

生薑味噌起司鍋

◎材料（**2人份**）

卡門貝爾起司…1 塊（100g）

大蒜…1 瓣

A | 生薑（磨泥）…5g
　　| 白酒…2 大匙
　　| 白味噌…1 大匙
　　| 水…60ml

蒔蘿…少許

麵包…適量

◎作法

1 以大蒜抹過鍋子內側，將 **A** 放入煮沸。

2 將整塊卡門貝爾起司放進 **1** 中，煮到稍
　微融化後撒上蒔蘿。

3 將麵包撕開，用烤箱稍微烘烤後，沾取
　2 食用。

火烤罐頭，簡單的西班牙小菜就完成了！

蒜香迷你番茄
薑味火烤油漬沙丁魚罐頭

◎材料（2人份）

油漬沙丁魚…1 罐

蘑菇…2 顆

迷你番茄…1 顆

大蒜…3 瓣

生薑（切絲）…5g

醬油…1 小匙

迷迭香…少許

薄荷葉…適量

◎作法

1 將油漬沙丁魚罐頭裡的沙丁魚取出一
 半，預留空位。

2 將切成兩半的蘑菇、迷你番茄、生薑
 和大蒜放進 1 的罐頭裡，淋上醬油，
 撒上迷迭香。

3 用鋁箔紙包住整個罐頭，直接放在火
 上烘烤，以小火烤 10 分鐘左右。打開
 鋁箔紙，以薄荷葉裝飾。

散發些許生薑香味的美味鮭魚

奶油起司鮭魚捲

◎材料（2人份）

鮭魚（生切片）…4～5 片

A | 薑汁…1 大匙
| 砂糖…1/2 小匙
| 鹽…少許
| 粗粒黑胡椒…少許

B | 奶油起司（常溫退冰）…30g
| 檸檬汁…1 小匙
| 南瓜子…20 粒左右

橄欖油…1 大匙

粗粒黑胡椒…少許

山蘿蔔葉…適量

◎作法

1 將 **A** 混合後淋在鮭魚上，靜置約 30 分鐘。

2 將 **B** 混合均勻（南瓜子要先拿 4～5 粒起來以便最後裝飾）。

3 用 **1** 的鮭魚將 **2** 捲起，淋上橄欖油，撒上粗粒黑胡椒，再以南瓜子和山蘿蔔葉裝飾。

辛辣刺激，生薑辣醬令人食指大動

鰻魚佐岡羊栖菜
蘆筍起司生薑生春捲

◎材料（4個份）

蒲燒鰻魚（市售品）…80g

蘆筍…4 根

岡羊栖菜…10g

生春捲皮…4 片

A │ 生薑（切末）…5g
　 │ 奶油起司（常溫退冰）…50g
　 │ 美乃滋…1 大匙
　 │ 鹽・胡椒…各少許

市售凱撒沙拉醬…適量

◎作法

1 將 A 混合均勻。

2 用廚房紙巾吸乾蒲燒鰻魚的汁液，岡羊栖菜和蘆筍稍微水煮。

3 將生春捲皮放進溫開水裡汆燙一下，鋪上 2 的材料與 A 之後捲好。

4 將 3 切成容易入口的大小，淋上凱撒沙拉醬後，沾取 [生薑辣醬] 食用。

[生薑辣醬]

◎材料（便於製作的份量）

A │ 生薑（切末）…5g
　 │ 柑橘醋醬油…1 大匙
　 │ 甜辣醬…2 大匙

粗粒黑胡椒…少許

◎作法

1 將 A 混合後，以粗粒黑胡椒調味。

酪梨培根醬搭配奶油煎豬排和炸鮭魚也不賴

馬鈴薯泥
佐生薑酪梨培根醬

◎材料（2人份）

酪梨…1 個

培根…20g

A｜生薑（切末）…10g
　｜水…1 杯
　｜雞湯粉…1/2 大匙

胡椒…適量

馬鈴薯…2 個

鹽…少許

牛奶…1/2 杯

奶油…10g

◎作法

1 將 A 與切碎的酪梨和培根放進鍋裡，
　開小火煮到呈糊狀，以胡椒調味。

2 馬鈴薯去皮滾刀切塊，再用高度略低
　於食材的鹽水煮。接著倒入牛奶，將
　馬鈴薯搗成泥狀後加入奶油，以胡椒
　調味。

3 將 1 的沾醬淋在 2 上，依喜好添加蘇
　打餅（另外準備）。

完全發揮番茄酸味的義式下酒菜

香煎茄子
佐薑味鯷魚麵包粉沾醬

◎材料（2人份）

鯷魚…2 片

迷你番茄…3 顆

A ｜ 生薑（切末）…10g

　　橄欖油…2 大匙

　　大蒜（切末）…1 瓣

　　辣椒圓片…少許

麵包粉…30g

義大利香芹…適量

日本茄子…1 個

橄欖油…3 大匙

鹽 ・ 胡椒…各少許

◎作法

1 將 A 放進平底鍋裡煎，等飄出香味後，加入切成碎末的鯷魚和迷你番茄拌炒。接著加入麵包粉，炒成金黃色後熄火。

2 將橄欖油倒進平底鍋裡加熱，把切成厚圓片的茄子雙面煎熟，撒上鹽和胡椒。

3 將 1 的沾醬淋在 2 上，以切成粗末的義大利香芹裝飾。

生薑女神家的酒

↑用自己做的帶嘴酒壺和清酒
杯喝酒特別帶勁。→來我家
拜訪的人很多，冰箱裡塞滿了
別人送的酒，種類一應俱全
（笑）。

我和這本書的責任編輯第一次在自家餐廳見面時，她對我說：「森
島女士，妳很喜歡喝酒對吧？」咦咦咦！為什麼妳會知道呢？
（笑）她說：「因為妳的料理很下酒，都是酒徒喜歡的滋味（也
包括午餐）。而且這裡收藏了一大堆珍貴的酒，一定是因為妳喜
歡喝酒啊！」哎呀，被說中了。正因為當時這番對話，所以才會
誕生這本「生薑下酒菜食譜」。此外，我最喜歡的酒雖然是香檳，
但也愛喝啤酒、日式燒酒和日本酒，可說來者不拒。我們店裡的
「台灣香檬雞尾酒」也是我的最愛！總讓人不知不覺就喝過頭
呢……

Part 4

方便的
預做下酒菜

覺得有點疲倦
或客人突然來訪都不怕！
我的私房食譜，做起來方便又好吃。

酒過半巡，不妨來點這樣的小菜

蕪菁高麗菜與昆布絲
生薑淺漬

◎材料（便於製作的份量）

蕪菁…2個

高麗菜…2～3片

A | 生薑（切絲）…10g

　　昆布絲…5g

　　鹽…1小匙

　　辣椒圓片…少許

◎作法

1 將蕪菁切片，葉片的部分也清洗乾淨，切成小塊。高麗菜切成適當的大小。

2 將1與A混合，充分搓揉後放進透明塑膠袋裡，盡量擠出空氣，再放進冰箱約15分鐘。

【保存期限…冷藏約2天】

清新爽脆！新鮮的嫩薑就要做成醃菜來享用

嫩薑與生食南瓜醃菜

◎材料（便於製作的份量）

嫩薑…50g

生食南瓜…100g

A 醋…1 杯

水…1/2 杯

砂糖…50g

胡椒粒…約 20 粒

月桂葉…1 片

◎作法

1 將嫩薑和生食南瓜洗淨，切成條狀。

2 將 A 放進鍋裡，煮沸後放涼，再用來
　醃漬 1 的食材，靜置 1 天。

【保存期限…冷藏約 1 個月】

◎生薑女神's小妙招

生食南瓜（korinky）是新品種的南瓜，
能夠生吃，非常方便。當然也可以使用
一般南瓜，但這時就要用加了醋的熱水
汆燙過才行。

生薑的風味輕輕飄散，餘味無窮

生薑柚香鹽辛魷魚

◎材料（便於製作的份量）

魷魚⋯1 條

生薑（切細絲）⋯5g

鹽⋯1 大匙

青柚或柚子鮮榨汁⋯1 大匙

青柚或柚子皮（切絲）⋯少許

◎作法

1 將魷魚的軀幹、臟腑（內臟部分）和觸鬚分開。除去軟骨和墨袋，邊清洗觸鬚邊將吸盤刮除。軀幹的部分去皮，切成容易入口的大小，觸鬚也切成同樣大小。

2 將內臟個別取出，加入生薑、鹽、青柚汁和青柚皮混合均勻。接著加入 1 拌勻，靜置 1 天。

【保存期限⋯冷藏 2～3 天】

山椒的辛辣衝擊！微酸而美味的新口味醬菜

山椒醃嫩薑與芹菜

◎材料（便於製作的份量）

嫩薑…50g

芹菜…50g

A｜山椒子…約 20 粒
　｜醋…1 杯
　｜砂糖…3 大匙
　｜鹽…少許

◎作法

1 嫩薑清洗乾淨，芹菜去筋，分別切片。

2 山椒子放進透明塑膠袋裡，用擀麵棍
　等工具輕輕敲打。

3 嫩薑用熱水汆燙約 30 秒，瀝乾水分，
　與芹菜一起放進 A 裡醃漬 1 小時以上。

【保存期限…冷藏 2 週】

將芝麻和生薑的香氣與美味濃縮其中

生薑芝麻凍

◎材料（便於製作的份量）

生薑（切末）…5g

芝麻粉…4 大匙

明膠…4g　水…2 大匙

A｜水…1/2 杯

　｜味醂…2 大匙

　｜醬油…1 大匙

夏南瓜…1/2 條

日本茄子…1 個

炸油…適量

鹽・胡椒…各少許

百里香…適量

◎作法

1 將明膠放在水裡泡軟。

2 將 A 放入鍋裡加熱，再把 1 倒進去溶化，
　將芝麻粉和薑末加入混合後熄火。放涼
　後放進冰箱冷藏，使其凝固。

3 將切成厚圓片的夏南瓜和茄子直接油炸。

4 將 2 的生薑芝麻凍切丁，撒在 3 上，再
　撒上鹽和胡椒，以百里香裝飾。

【保存期限…冷藏 2 ～ 3 天】

與市售的甘醋薑片一起醃漬就行了！

甘醋薑片醃山藥

◎材料（便於製作的份量）

甘醋薑片（市售品）…80g

山藥…80g

◎作法

1 山藥去皮切成條狀。

2 將甘醋薑片連同甘醋一起與 1 混合，
　醃漬 30 分鐘以上。

【保存期限…冷藏 2 週】

嗆辣夠勁！絕對會讓人猛喝酒

辛辣鹽麴青辣椒生薑沾醬

◎材料（便於製作的份量）

A | 生薑（切末）…10g

鹽麴…3 大匙

青辣椒（切末）…30g

味噌…1 大匙

醬油…1 大匙

砂糖…1 大匙

魚板…1 條

◎作法

1 將 A 混合均勻，靜置 1 天。

2 沾在魚板上再享用。

【保存期限…冷藏 2 ～ 3 天】

享用更多美味的生薑！①

生薑就是要直接
用手拿起來吃！?

讓人興致高昂的
西班牙小點
派對！

即使是意想不到的食材搭配，
生薑也會默默扮演串場的角色，
獻上美味的派對小點。

馬鈴薯與
鹽辛魷魚小點

酪梨與生火腿
小點

鮮蝦竹筍
炸春捲

薑味地瓜小點

芝麻豆腐
開心果小點

65

熱呼呼的馬鈴薯與鹽辛生薑堪稱絕配

馬鈴薯與鹽辛魷魚小點

◎材料（4個份）

馬鈴薯…2 個（小）

鹽辛魷魚（市售品）…10g

生薑（切細絲）…2～3g

鹽…少許

粗粒黑胡椒…少許

珠蔥（切蔥花）…適量

炸油…適量

◎作法

1 馬鈴薯連皮橫切成 4 等份，正中央的兩塊用壓模器等工具挖一個洞。另一個也以同樣方式處理，接著將所有馬鈴薯放進微波爐加熱約 2 分鐘。

2 1 的馬鈴薯除了挖掉的部分，其他都用 180℃的油去炸，再撒上鹽和粗粒黑胡椒。

3 鹽辛魷魚和生薑事先混合。

4 將 2 挖了洞的馬鈴薯疊在沒挖洞的馬鈴薯上，將 3 的食材填進洞裡，再蓋上馬鈴薯挖起的部分，撒上珠蔥。依喜好插上油炸義大利麵條（另外準備）裝飾。

利用加入生薑的美乃滋將酪梨拌成泥

酪梨與生火腿小點

◎材料（6個份）

酪梨…1 個

生火腿…6 片

A｜生薑（切末）…10g
　｜美乃滋…2 大匙
　｜檸檬汁…1/2 大匙
　｜黃芥末醬…少許
　｜核桃…少許

鹽・胡椒…各少許

法式長棍麵包（切片）…6 片

披薩用起司…適量

炸油…適量

◎作法

1 酪梨去子去皮，搗碎後與 A 混合，以鹽和胡椒調味。

2 將 1 的食材用生火腿捲好，放在法式長棍麵包上。

3 將披薩用起司薄薄攤在加熱過的平底鍋上，等融化後再熄火。接著裝飾在 2 上。

享用生薑的香氣和鮮蝦彈牙的口感

鮮蝦竹筍炸春捲

◎材料（4個份）

春捲皮…2 片

蝦子…2 ～ 3 隻

水煮竹筍…40g

生薑（切末）…10g

鹽‧胡椒…各少許

炸油…適量

◎作法

1 蝦子和竹筍切碎，與生薑混合，撒上鹽和胡椒。

2 春捲皮切成兩半，放上 **1** 的食材後捲好。

3 用 180℃的油炸出漂亮的顏色，切成容易入口的大小。最後再依喜好加入飛魚卵（另外準備）或插上油炸義大利麵條（另外準備）裝飾。

專為喜歡地瓜的女性設計的微甜小點心

薑味地瓜小點

◎材料（6個份）

地瓜…100g

生薑糖漿（參照 P.16）…1 大匙

法式長棍麵包（切片）…6 片

餛飩皮…2 片

炸油…適量

◎作法

1 將煮好的地瓜搗碎，加入生薑糖漿混拌，捏成圓球。

2 將餛飩皮切成容易入口的大小後油炸。

3 將 **1** 放在法式長棍麵包上，以 **2** 裝飾。再依喜好插上油炸義大利麵條（另外準備）裝飾。

融合相異食材，完成和風沾醬！

芝麻豆腐開心果小點

◎材料（6個份）

芝麻豆腐（市售品）…80g

開心果…6 粒

A ｜ 生薑（切末）…5g

｜ 美乃滋…2 大匙

｜ 醬油…1 小匙

法式長棍麵包…6 片

超迷你番茄…6 顆

山葵泥…少許

◎作法

1 將芝麻豆腐搗碎，再連同敲碎的開心果與 A 混合。

2 將 **1** 抹在法式長棍麵包上，擺上超迷你番茄和山葵泥。再依喜好插上油炸義大利麵條（另外準備）裝飾。

Column 居家飲酒篇 ②

生薑女神的酒器

請客人各自挑選喜歡的清酒杯，
也是讓人開心的時刻。

「能不能見識一下森島女士愛用的酒器呢？」聽到有人這麼問，我便把我的酒器都集中在一起，拿出來讓大家欣賞一番……沒想到我的酒器多到連自己都嚇了一跳！包括我親手做的酒器、喜歡的陶藝家製作的藝品，還有旅行時買來的收藏等，琳瑯滿目。比起洗鍊而摩登的設計，我更偏愛充滿土味而樸素的容器。玻璃杯也是一樣，我也有很多又厚又胖的玻璃杯喔！儘管我很喜歡喝酒，但更喜歡大家吵吵鬧鬧、開心喝酒時的場合和氣氛，和喜歡的人們用喜歡的容器放縱微醺的時光……真是美妙極了！

Part 5

翻炒·煎烤

把薑蒜芝麻油的潛力
發揮得淋漓盡致！
飛快地翻炒，接著再多喝幾杯吧！

以高湯醬汁×油的兩款生薑提升風味！

生薑炒培根馬鈴薯

◎材料（2人份）

馬鈴薯…150g

培根…50g

長蔥…1/2 條

薑蒜芝麻油

（參照 P.15，市售的芝麻油亦可）

…1 大匙

A │ 生薑（切末）…10g

生薑高湯醬汁

（參照 P.14，市售的日式沾麵醬汁亦可）

…1 大匙

鹽・胡椒…各少許

◎作法

1 馬鈴薯切細絲，放進微波爐加熱 2 ～ 3 分鐘。培根同樣切細絲，長蔥則切斜片。

2 薑蒜芝麻油倒入平底鍋裡加熱，再加入 1 的食材迅速翻炒，以 A 調味。

搭配日本酒喝個不停，超簡單的和風下酒菜

生薑香炒豆腐

◎材料（**2人份**）

木綿豆腐…1/2 塊

毛豆（去莢）…20g

生薑（切末）…10g

紅蘿蔔（切末）…30g

芝麻油…適量

A ｜ 生薑高湯醬汁

　　（參照 P.14，市售的日式沾麵醬汁亦可）

　　…2 大匙

　　芝麻粉…2 大匙

　　砂糖…1 大匙

　　味噌…1 大匙

水菜…少許

炒芝麻…少許

◎作法

1 芝麻油倒入鍋裡加熱，將瀝乾水分的豆腐邊搗碎邊放進鍋裡翻炒。接著將毛豆、生薑和紅蘿蔔加進去拌炒，最後加入 **A**，炒到水分收乾為止。

2 撒上切碎的水菜和炒芝麻裝飾。

用辛辣的中式醬汁替烤茄子這道基本款下酒菜調味

烤茄子佐蔥薑辣油

◎材料（2人份）
日本茄子…2 個

◎作法
1 將 A 放進缽裡混合均勻。
2 芝麻油和沙拉油倒進鍋裡加熱到約
　170℃後，加入長蔥、生薑和大蒜。等
　長蔥變成黃褐色後，就倒進 1 的缽裡
　迅速攪拌混合。
3 將去蒂的茄子用烤魚盤或烤箱烘烤後，
　切成適當的大小，淋上 2 的 [蔥薑辣油]
　享用。

[蔥薑辣油]

◎材料（便於製作的份量）
長蔥（切粗末）…2 根
生薑（切末）…80g
大蒜（切片）…2 瓣
A　生薑高湯醬汁
　　（參照 P.14，市售的日式沾麵醬汁亦可）
　　…4 大匙
　　辣椒粉…2 大匙
　　辣椒圓片…1 大匙
　　韓式辣醬…2 大匙
　　味噌…2 大匙
　　砂糖…2 大匙
　　山椒粉…1 小匙
　　粗粒黑胡椒…1 小匙
芝麻油…2 杯
沙拉油…1 杯

以昆布茶的風味提引，讓豆芽變成出色的下酒菜

辣味蒜香炒豆芽

◎材料（2人份）
豆芽…1 袋
A　薑蒜芝麻油（參照 P.15）…2 大匙
　　辣椒圓片…少許
昆布茶…1 小匙
鹽…少許
粗粒黑胡椒…少許

◎作法
1 將 A 放入平底鍋裡加熱，等飄出香味
　後，把豆芽加進去迅速翻炒，再加入
　昆布茶，以鹽和粗粒黑胡椒調味。

只要切碎、擺放和烘烤的簡單和風披薩！

莫札瑞拉起司魩仔魚薑梅薄餅披薩

◎材料（2人份）

印度烤餅（市售品）…1片

莫札瑞拉起司…50g

梅乾…2顆

魩仔魚…20g

生薑（切末）…5g

橄欖油…1大匙

青紫蘇（切絲）…3片

◎作法

1 將切碎的莫札瑞拉起司、剁碎的梅乾、魩仔魚和生薑放在印度烤餅上。

2 用烤箱烤到呈焦黃色，再迅速淋上橄欖油，撒上青紫蘇。

引人入勝的甜辣滋味！簡單的中式下酒菜

辛辣生薑
蒜香蒟蒻塊

◎材料（2人份）

蒟蒻…1 塊

薑蒜芝麻油（參照 P.15）…1 大匙

A | 甜麵醬…1 大匙
　 | 豆瓣醬…1/2 大匙
　 | 酒…2 大匙
　 | 砂糖…1/2 大匙

鹽・胡椒…各少許

松子…適量

◎作法

1 蒟蒻撕成容易入口的大小。

2 薑蒜芝麻油倒入平底鍋裡加熱，等飄出香味後，把蒟蒻放進去翻炒。接著加入 A 拌炒，以鹽和胡椒調味，再撒上松子。

出乎意料的最佳夥伴！創新的鹹鬆餅

羊栖菜生薑豆漿鬆餅

◎材料（2人份）

[鬆餅]

A 乾燥羊栖菜（用水泡開）
…1 大匙
生薑（切末）…10g
生薑糖漿（參照 P.16）
…1 大匙
雞蛋…1 個
豆漿…100ml
牛奶…50ml

B 麵粉…150g
泡打粉…1 小匙

沙拉油…適量

[配菜]
維也納香腸…100g
小松菜…100g
芝麻油…1 大匙
大蒜（切片）…1/2 瓣
鹽・胡椒…各少許
百里香…少許

◎作法

1 將 A 倒進缽裡，用打蛋器攪拌均勻。接著一舉加入 B，用橡皮刮刀混合集中，放進冰箱醒麵 30 分鐘。

2 將電烤盤（或平底鍋）加熱，用廚房紙巾等抹上一層薄薄的沙拉油。再將麵糊一勺一勺倒入呈圓形，雙面煎熟。

3 維也納香腸切成容易入口的大小。將芝麻油和大蒜放進平底鍋加熱，等飄出香味後，將香腸和小松菜加入翻炒，用鹽和胡椒調味，再以百里香裝飾。

4 鬆餅依喜好沾取 [生薑番茄奶醬] 享用。

[生薑番茄奶醬]

◎材料（便於製作的份量）
番茄醬…3 大匙
生薑（切末）…5g
檸檬汁…1 大匙
美乃滋…3 大匙

◎作法
1 將所有材料混合即可。

用電烤盤輕鬆搞定！風味取決於生薑高湯醬汁

年糕明太子生薑文字燒

◎材料（4人份）

高麗菜…1/4 個

日式年糕…1 塊

明太子…1 副

長蔥（切末）…1/2 根

生薑（切末）…10g

A 麵粉…2 大匙

　水…1 杯

　生薑高湯醬汁

　（參照 P.14，市售的日式沾麵醬汁亦可）

　…2 大匙

　和風高湯粉…1 小匙

　雞蛋…1 個

芝麻油…1 大匙

麵衣渣…適量

柴魚花…適量

融化的起司…2 片

◎作法

1 高麗菜切成粗末，年糕切成約 1cm 見方，明太子切成 1cm 寬。

2 將 **A** 倒進缽裡混合，加入 **1**、長蔥和生薑攪拌均勻。

3 芝麻油倒在電烤盤上，用大火加熱。接著只倒入 **2** 的配料，輕輕翻炒，使其圍成一圈。再將剩下的汁液倒進圈圈裡，邊混合邊攤平。最後加入麵衣渣、柴魚花，以及切成適當大小的融化起司煎烤。

生薑的風味和大蒜的香氣讓人一吃上癮

生薑炒蘑菇

◎材料（2人份）

蘑菇…10 顆

A 薑蒜芝麻油（參照 P.15）…1 大匙

　奶油…10g

白酒…2 大匙

鹽…少許

粗粒黑胡椒…少許

萊姆…適量

◎作法

1 將 **A** 放入加熱的平底鍋後，翻炒蘑菇，再淋上白酒，以鹽和粗粒黑胡椒調味。

2 依喜好添加萊姆。

秘訣在於烤成薄片！要沾大量的辣醬享用

櫻花蝦烤海苔生薑韓式煎餅

◎材料（2片份）

[韓式煎餅]

A | 櫻花蝦…50g
  | 生薑（切末）…10g
  | 麵粉…100g
  | 水…1 杯
  | 生薑高湯醬汁
  | （參照 P.14，市售的日式沾麵醬汁亦可）
  | …2 大匙
  | 昆布茶…1 小匙
  | 芝麻粉…1 大匙
  | 芝麻油…1 大匙
  | 鹽・胡椒…各少許

芝麻油…1 大匙

烤海苔…1 片

◎作法

1 將 A 全部倒進缽裡，迅速混拌。

2 芝麻油倒入平底鍋裡加熱，再加入一半的 1 薄薄攤平，以中火雙面煎烤。剩下的材料也以同樣方式煎烤，再放上撕碎的烤海苔。

3 淋上 [生薑辣醬] 享用。

[生薑辣醬]

◎材料（便於製作的份量）

柑橘醋醬油…3 大匙

生薑（切末）…5g

辣油…1 小匙

芝麻油…1 小匙

甜辣醬…1 小匙

◎作法

1 將所有材料混合即可。

Column 居家飲酒篇 ③

生薑女神的常備菜

↑這一天，我也將別人送的地
瓜加入用生薑甘煮的料理中。
→自家的糠床和辣韭醃漬瓶。
容量很大喔。

「啊……好累喔。要不要先來喝一杯呢？」每當感到疲憊或
是客人突然來訪，常備菜就是我的好幫手。我家經常會準備
米糠醃菜和醃辣韭，都是馬上就能端上桌的下酒菜。尤其是
米糠醃菜，我會將具有殺菌作用的生薑皮放進糠床內，醃漬
當季蔬菜享用，醃辣韭則只需將切片的生薑一起醃漬即可。
這兩種醬菜與冰涼透頂的白酒很對味。在夜色逐漸變深的時
刻，我總是邊品嚐這些醬菜邊小酌，還會趁著空檔燉煮一些
料理或是炒炒菜呢。

Part 6

油炸

微醺之際，最誘人的就是油炸菜色。
生薑與油類很搭，
趁新鮮吃或和著麵衣都可以，
香氣和風味會跟著增加喔。

滑順的融化起司和生薑的辛辣讓人更想喝啤酒！

店裡最受歡迎的料理！
起春（生薑起司春捲）

◎材料（6根份）

春捲皮…3 片

起司條…3 條

青紫蘇…6 片

生薑（切絲）…10g

炸油…適量

◎作法

1 春捲皮切成兩半，起司條縱向切成兩半。

2 將起司、青紫蘇和生薑放在春捲皮上捲
　 起，並在最後 1cm 寬的地方沾水黏合。

3 用 180℃的油去炸，等起司融化再起鍋。

風味取決於生薑起司麵衣

番茄酪梨薑味炸丸子

◎材料（2人份）

迷你番茄⋯6 顆

酪梨⋯1/2 個

A | 生薑（切末）⋯5g
　 | 起司粉⋯1 小匙
　 | 天婦羅粉⋯3 大匙
　 | 雞蛋⋯1 個
　 | 水⋯1 大匙

炸油⋯適量

粗鹽⋯適量

拍裂的胡椒⋯適量

義大利香芹⋯適量

◎作法

1 將 A 混合，把迷你番茄和切成 6 等份的酪梨迅速沾裹後取出，用 180℃ 的油去炸。

2 撒上粗鹽和拍裂的胡椒，以義大利香芹裝飾，增添色彩。

好吃得不得了！帶有海濱氣息的和風炸薯塊

酥炸冷凍薯塊裹生薑石蓴麵衣

◎材料（2人份）

冷凍薯塊…100g

A 石蓴…1g
生薑（切末）…10g
天婦羅粉…5 大匙
水…1/2 杯

炸油…適量

岩鹽…少許

◎作法

1 將 A 放進缽裡輕輕混拌，再把冷凍薯塊直接加入混合。

2 用 180℃的油將 1 炸成金黃色後起鍋，撒上岩鹽。

薑絲、薑泥、高湯醬汁，用三種生薑完成的料理

牛蒡鴨兒芹生薑酥炸什錦餅

◎材料（2人份）

牛蒡…約 20cm

鴨兒芹…1 把

A │ 生薑（切絲）…20g
  │ 天婦羅粉…5 大匙
  │ 雞蛋…1/2 個
  │ 水…3 大匙

炸油…適量

蘿蔔泥…適量

◎作法

1 牛蒡去皮，斜切後泡水去除澀味。鴨兒芹切成容易入口的大小。

2 將 A 放進缽裡輕輕混合。接著加入 1，再分成 4～5 份，用 180℃ 的油去炸。

3 將炸好的 2 放在注入 [生薑高湯天婦羅醬汁] 的器皿中，擺上蘿蔔泥和薑泥（另外準備）。

[生薑高湯天婦羅醬汁]

◎材料（便於製作的份量）

生薑高湯醬汁（參照 P.14，
市售的日式沾麵醬汁亦可）…1/3 杯

水…2/3 杯

生薑（磨泥）…10g

◎作法

1 將所有材料放進鍋裡煮沸即可。

生薑糖漿和地瓜的甜蜜演出

生薑糖漿拔絲地瓜

◎材料（2人份）

地瓜…200g

生薑糖漿（參照 P.16）…1/2 杯

炸油…適量

炒芝麻…少許

◎作法

1 地瓜去皮，滾刀切塊，用 180℃ 的油炸成金黃色。

2 將生薑糖漿倒進鍋裡煮，收乾到剩 1/2 左右，再加入 1 的地瓜沾裹糖漿。

3 盛入器皿中，撒上炒芝麻。

散發芝麻和生薑香氣的酥脆油炸料理

芝麻起司生薑米可樂餅

◎材料（2個份）

A │ 白飯…1 碗
　 │ 生薑（切末）…10g
　 │ 醬油…1 大匙

奶油起司…20g

B │ 麵粉…2 大匙
　 │ 芝麻粉…2 大匙

雞蛋…1 個

麵包粉…適量

炸油…適量

義大利香芹…適量

◎作法

1 將 A 混合後分成兩半，奶油起司也分成兩半，各自塞進飯糰中間，捏成圓形。

2 事先混合 B，滿滿地塗在 1 上，再依序沾裹蛋液和麵包粉，用 180℃的油炸成金黃色。

3 將 [生薑番茄芥末醬] 注入器皿中，放上 2，再撒上切成粗末的義大利香芹。

[生薑番茄芥末醬]

◎材料（便於製作的份量）

番茄醬…3 大匙

生薑高湯醬汁（參照 P.14，市售的日式沾麵醬汁亦可）…1 大匙

生薑（磨泥）…少許

芥末子醬…1 小匙

◎作法

1 將所有材料混合即可。

青醬與番茄的酸味符合女孩們的喜好

莫札瑞拉起司番茄生薑炸餛飩

◎材料（10個份）

餛飩皮…10 片

莫札瑞拉起司…100g

番茄…1/2 個

生薑（切絲）…10g

鹽…少許

粗粒黑胡椒…少許

炸油…適量

粉紅胡椒…適量

◎作法

1 將切成骰子狀的莫札瑞拉起司、番茄和生薑擺在餛飩皮上，撒上鹽和粗粒黑胡椒，再將餛飩皮對摺成三角形，沾水黏合邊緣。

2 用 180℃的油炸成黃褐色。抹上 [薑味青醬]，以粉紅胡椒裝飾。

[薑味青醬]

◎材料（便於製作的份量）

青醬（市售品）…20g

生薑（切末）…5g

粗粒黑胡椒…少許

◎作法

1 將青醬與薑末混合，以粗粒黑胡椒調味。

生薑與柚子是絕妙的提味聖品

柚子胡椒蘿蔔泥燴生薑炸豆腐

◎材料（6個份）

嫩豆腐…1塊

醬油…少許

太白粉…2大匙

炸油…適量

[柚子胡椒蘿蔔泥]

A｜生薑高湯醬汁（參照 P.14，
市售的日式沾麵醬汁亦可）…2大匙

生薑（切絲）…10g

蘿蔔泥…1/2 杯

和風高湯粉…1 小匙

柚子胡椒…1/2 小匙

水…1 杯

太白粉水…適量

珠蔥（切蔥花）…適量

◎作法

1 嫩豆腐切成 6 等份，用廚房紙巾拭去
水分，輕輕淋上醬油。

2 將 1 沾裹上太白粉，用 180℃的油炸
成金黃色。

3 將 A 放進鍋裡，煮沸後隨即以太白粉
水勾芡。

4 將 2 盛入器皿中，倒入 3 的 [柚子胡
椒蘿蔔泥]，撒上珠蔥，再依喜好撒上
一味辣椒粉（另外準備）。

能品嚐木瓜的口感，沖繩風酥炸什錦餅！

乾木瓜絲紅薑起司天婦羅

◎材料（2人份）

乾木瓜絲…10g

紅薑…1 大匙

A | 天婦羅粉…3 大匙
　 | 水…3 大匙
　 | 帕瑪森起司…1 小匙
　 | 薑粉…1/2 小匙

炸油…適量

◎作法

1 將乾木瓜絲用水泡開。

2 將 A 輕輕混合，把 1 與紅薑迅速沾裹
　後取出，用 180℃的油炸成金黃色。

散發酥脆鍋巴香氣的溫和滋味

生薑萵苣蟹肉燴鍋巴

◎材料（2人份）

萵苣…4 片

罐頭蟹肉…100g

長蔥（斜切）…30g

薑蒜芝麻油（參照 P.15）…1 大匙

辣椒圓片…少許

A | 水…2 杯
　| 酒…2 大匙
　| 雞湯粉…1 大匙

鹽‧胡椒…各少許

太白粉水…適量

水菜…少許

[鍋巴]

雜糧飯…1 碗

炸油…適量

◎作法

1 薑蒜芝麻油與辣椒圓片放進鍋裡加熱，等飄出香味後，就加入長蔥、撕成適當大小的萵苣及罐頭蟹肉翻炒。接著倒入 A，以鹽和胡椒調味，再用太白粉水勾芡。

2 將雜糧飯包在保鮮膜內，用擀麵棍敲薄，再用 180℃的油炸得酥脆，做成鍋巴。

3 將 1 淋在 2 的鍋巴上，再撒上切碎的水菜。

Column 手工藝篇 ①

盛放生薑料理的器皿

←自家的陶藝室。燒製好的器皿陳列其中。↓忍不住買了電窯！小型器皿就用這個來燒製。

配合生薑料理
打造器皿

生薑在我心目中是烹調佳餚時不可或缺的食材。儘管無法百分之百掌握它的功能和效果，但我深知生薑的濃郁和美味，才能提引出我專屬的料理與專屬的滋味。同樣的，我也希望使用的器皿能適當搭配生薑料理。原本我就對造形藝術和陶藝很感興趣，還上過美術大學，大約三年前在因緣際會下再度學習陶藝，深深覺得捏陶真是太有趣了！為了好好享用我熱愛的生薑美味，我從大盤子捏到小碟子，在不斷嘗試的過程中精進陶藝，這本書的器皿幾乎都是我的作品呢！

Part 7

燉煮・清蒸

不知為何，總會突然想吃燉煮料理。
是因為日本人的天性嗎？
生薑的濃郁和美味根植在心中。

生薑高湯醬汁與咖哩超合拍！

生薑咖哩風味馬鈴薯燉肉

◎材料（2人份）

碎牛肉…100g

馬鈴薯…300g（中 2 個）

洋蔥…200g（中 1 個）

生薑（切絲）…10g

芝麻油…1 大匙

孜然子（可不加）…少許

A 砂糖…1 大匙

　咖哩粉…1 大匙

　生薑高湯醬汁

　（參照 P.14，市售的日式沾麵醬汁亦可）

　…1/2 杯

　水…2 又 1/2 杯

珠蔥（切蔥花）…適量

◎作法

1 馬鈴薯切成 4 等份，洋蔥切瓣狀，牛肉切成容易入口的大小。

2 芝麻油和孜然子放進鍋裡加熱，再加入 1 和生薑拌炒。等牛肉變色後就倒入 A，用小火將馬鈴薯煮熟。

3 盛入器皿中，撒上珠蔥。

生薑高湯滲透到燉得軟爛的蘿蔔中

罐頭鯖魚生薑燉蘿蔔

◎材料（2人份）

蘿蔔…300g（約 1/3 條）

長蔥…1 根

鯖魚罐頭（水煮）…1 罐（110g）

薑蒜芝麻油

（參照 P.15，市售的芝麻油亦可）

…1 大匙

A | 生薑高湯醬汁（參照 P.14，

市售的日式沾麵醬汁亦可）…3 大匙

生薑（切絲）…20g

味噌…1 大匙

水…2 杯

珠蔥（切蔥花）…少許

白髮蔥…少許

辣椒絲…少許

◎作法

1 蘿蔔滾刀切塊，長蔥切成 5cm 長。

2 薑蒜芝麻油倒進鍋裡加熱後，加入 1
的食材翻炒。接著將鯖魚罐頭連汁一
起倒入鍋中，再加入 A 以小火烹煮。
等蘿蔔燉爛後就完成了。

3 撒上珠蔥，擺上白髮蔥和辣椒絲。

牛奶與生薑溫和地包覆酒徒的胃袋

生薑奶油燉扇貝白菜菇

◎材料（2人份）

扇貝罐頭（水煮）…1罐（約100g）

白菜…2片

鴻喜菇…1/2包

香菇…1朵

生薑（切絲）…10g

A｜水…2杯

　｜雞湯粉…2大匙

B｜牛奶…1杯

　｜鹽…少許

　｜胡椒…少許

太白粉水…適量

餛飩皮…2～3片

炸油…適量

◎作法

1 白菜與香菇切成容易入口的大小。

2 將 A 與扇貝罐頭連汁一起倒進鍋裡，
　煮沸後加入白菜、鴻喜菇、香菇和生
　薑，再煮2～3分鐘。接著倒入 B，
　以太白粉水勾芡。

3 盛入器皿中，放上切絲的炸餛飩皮。

滑順的茄子和花生風味很有意思，呈現風格相異的組合

茄子花生粉生薑茶碗蒸

◎材料（2人份）

日本茄子…2 個

A│生薑（磨泥）…10g

生薑高湯醬汁

（參照 P.14，市售的日式沾麵醬汁亦可）

…2 大匙

花生粉…2 大匙

水…1 杯

雞湯粉…1 大匙

雞蛋…1 個

鹽・胡椒…各少許

◎作法

1 茄子去蒂去皮，放進透明塑膠袋裡，用微波爐加熱 2 ～ 3 分鐘後，用擀麵棍等工具徹底敲打。

2 將 1 和 A 放進鍋裡混合，以鹽和胡椒調味。在即將沸騰時熄火、放涼，再加入蛋液混合。接著倒進容器裡，約蒸 10 分鐘。

3 淋上 [生薑高湯芡汁]，再擺上薑泥（另外準備）。

[生薑高湯芡汁]

◎材料（便於製作的份量）

生薑高湯醬汁（參照 P.14）…2 大匙

水…1/2 杯

太白粉水…適量

◎作法

1 生薑高湯醬汁與水倒進鍋裡加熱，變熱後就用太白粉水勾芡。

喝完日本酒就吃這一道！厚實的海帶芽配兩種沾醬享用

蔥香海帶芽清湯

◎材料（2人份）

長蔥（斜切）…1/2 根

海帶芽…100g

A｜生薑（切絲）…10g
　｜水…3 杯
　｜酒…2 大匙
　｜雞湯粉…1 大匙

酸橘柑橘醋（3 大匙柑橘醋醬油加
上切片的酸橘）…適量

◎作法

1 將 A 倒進鍋裡煮沸後，加入海帶芽和
　長蔥稍微煮一下。

2 沾取 [生薑芝麻醬] 和酸橘柑橘醋享
　用。這時可依喜好添加薑泥（另外準
　備）。

[生薑芝麻醬]

◎材料（便於製作的份量）

生薑高湯醬汁（參照 P.14，
市售的日式沾麵醬汁亦可）…2 大匙

生薑（切末）…10g

芝麻醬…2 大匙

甜辣醬…1/2 大匙

芝麻油…1/2 大匙

水…1/2 杯

◎作法

1 將所有材料混合即可。

用蜂蜜和奶油增添風味。不妨搭配香檳一起享用！

酒燉生薑高麗菜（紫甘藍）

◎材料（2人份）

高麗菜…150g（約 3 片）

A｜生薑（切末）…10g
　｜生薑高湯醬汁（參照 P.14，市售的日式
　｜沾麵醬汁亦可）…1 大匙
　｜紅酒…1/3 杯
　｜水…1/2 杯
　｜蜂蜜…1 大匙

奶油…10g

◎作法

1 將 A 放進鍋裡，加入切絲的高麗菜，
　煮到水分收乾。再加入奶油混合後熄
　火。

用平底鍋做出簡單的煙燻料理

生薑皮煙燻柳葉魚

◎材料（2人份）

A ｜ 生薑皮…50g
　　粗砂糖…3大匙
柳葉魚…4條
加工起司…3塊

◎作法

1 將鋁箔紙鋪在平底鍋上，擺上 A（照片 a），上面則放上用叉子等工具開洞的鋁箔紙（照片 b），再疊上烘焙紙，將柳葉魚和起司排在上面（照片 c）。
2 蓋上鍋蓋，開中火燻15分鐘（照片 d）。

◎生薑女神's小妙招

鵪鶉蛋、鹽醃鮭魚和鱈魚子等食材煙燻之後也很好吃喔！

a　　　　　b　　　　　c　　　　　d

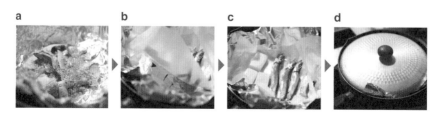

Column 手工藝篇 ②

生薑皮飾品

↑一邊想著怎樣搭配和設計一邊動手做的時間，就和構思食譜一樣，都是無比幸福的時光。╱我總是戴著耳環。

好幸福~

我實在太愛生薑了，完全不想浪費它任何一個部位！於是在這樣的熱情召喚之下，誕生了這些生薑飾品。無法在烹調時派上用場的生薑皮，可以用在別的地方嗎？基於這樣的念頭，我索性把生薑皮拿到陽光下曝曬後保存起來。我會將完全曬乾的皮裁成心形或揉成一團，拿來當成耳環或項鍊的配件，銀飾的質感、生薑皮的復古風與串珠的色調契合得不得了！看，很可愛吧？不過我隨心所欲的個性（？）就是不愛做同樣的東西，所以兩邊耳環的款式就變得不一樣了（笑）。

Part 8

肉類
主菜

下半場會讓
無肉不歡的酒徒想大口吃肉！
因為肉類正是活力的來源！

薑蒜芝麻油的風味帶出肉的鮮美

骰子牛肉
佐生薑糖漬紅蘿蔔

◎材料（**2人份**）

骰子牛肉…300g

薑蒜芝麻油（參照 P.15）…3 大匙

酒…2 大匙

芥末醬油（將黃芥末醬與

醬油混合）…適量

迷迭香…適量

◎作法

1 將牛肉放在常溫下退冰，再泡進薑蒜
   芝麻油醃漬約 10 分鐘。

2 將平底鍋加熱，放入牛肉，灑上酒煎
   熟。

3 將牛肉與 [生薑糖漬紅蘿蔔] 盛入器皿
   中，以迷迭香裝飾。再依喜好沾取芥
   末醬油享用。

[生薑糖漬紅蘿蔔]

◎材料（**2人份**）

紅蘿蔔…100g（約 2/3 條）

生薑（切末）…5g

高湯塊…1 塊

砂糖…1/2 大匙

鹽…少許

水…1 杯

奶油…10g

◎作法

1 將切成厚圓片的紅蘿蔔與其他材料放
   進鍋裡，開小火煮沸，直到水分收乾
   為止。

寒冷的季節就要用這種濃郁的沾醬當佐料

五花豬肉蔥香鍋佐濃郁生薑沾醬

◎材料（2 人份）

五花豬肉片…300g

長蔥（斜切成薄片）…1 根

珠蔥（切成 5cm 長）…3 ～ 4 根

A｜生薑（切絲）…10g

　｜雞湯粉…1 又 1/2 大匙

　｜水…3 杯

粗粒黑胡椒…少許

◎作法

1 將 A 放進鍋裡煮沸後，把五花豬肉
　片攤開放進去煮，再加入長蔥，煮
　沸後隨即熄火。接著加入珠蔥，以
　粗粒黑胡椒調味。

2 沾取 [濃郁生薑沾醬] 享用。

[濃郁生薑沾醬]

◎材料（便於製作的份量）

A｜生薑（磨泥）…15g

　｜生薑高湯醬汁（參照 P.14，
　市售的日式沾麵醬汁亦可）…1/2 杯

　｜蜂蜜…1 大匙

　｜味噌…1 大匙

　｜白酒…3 大匙

B｜洋蔥（磨泥）…100g

　｜大蒜（磨泥）…1 瓣

　｜芝麻油…1 大匙

　｜芝麻粉…2 大匙

　｜辣油…1/2 小匙

◎作法

1 將 A 放進鍋裡，開小火烹煮約 5 分
　鐘，邊用木勺攪拌。接著熄火，加
　入 B 混合。

◎生薑女神's小妙招

火鍋會大量烹煮出肉類與生薑的精華，
因此不妨用鍋裡的湯汁煮點麵線或冬
粉收尾。濃郁生薑沾醬的滋味很有深
度，除了用在豆腐清湯或雞肉鍋，也
能當做生菜的沾醬，十分方便。

男女老少都喜歡，滋味辛辣的熱門下酒菜

汁多味美辣味炸雞塊

◎材料（2人份）

雞腿肉…1塊

A │ 生薑（磨泥）…5g
　│ 大蒜（磨泥）…1瓣
　│ 酒…2大匙
　│ 醬油…2大匙
　│ 柚子胡椒…1小匙

B │ 太白粉…3大匙
　│ 七味辣椒粉…少許

炸油…適量

◎作法

1 雞腿肉切成適當的大小，分別劃出切口，放入 A 裡醃漬 30 分鐘左右。

2 將 B 混合均勻，大量沾裹在 1 的食材上，用 180℃的油炸成金黃色。

沾裹大量麵包粉的酥脆口感令人為之傾倒

手撕麵包粉生薑梅子鰹魚豬排捲

◎材料（**2人份**）

豬里肌薄片…2 片

土司…2 片（奶油麵包捲 2 個亦可）

麵粉…2 大匙

雞蛋…1 個

A | 生薑（磨泥）…10g
　　| 梅乾（事先拍打）…1 顆
　　| 柴魚花…5g

鹽・胡椒…各少許

炸油…適量

◎作法

1 將麵包撕碎做成麵包粉，**A** 則混合均
　勻備用。

2 豬肉攤平，將 **A** 放上去捲好，撒上鹽
　和胡椒。

3 依序沾裹麵粉、蛋液和 **1** 的麵包粉，
　用 180℃的油炸成金黃色。

蜂蜜×味噌×奶油，濃郁三重奏和生薑的美妙和聲

生薑豆味噌肉燥什錦蔬菜捲

◎材料（4～5人份）

[生薑豆味噌肉燥]

A | 雞絞肉…100g

　　水煮綜合豆（市售品）…50g

　　生薑（切末）…10g

　　蜂蜜…3 大匙

　　味噌…3 大匙

奶油…10g

[蔬菜捲餡料]

餛飩皮（切細油炸）…約 10 片

雜糧飯（捏成飯糰）…2 碗

青紫蘇…4 ～ 5 片

小黃瓜（切絲）…1 條

蘿蔔（切絲）…5cm 份（約 120g）

嫩薑（切絲）…適量

迷你紅蘿蔔…4 ～ 5 根

紅葉萵苣…4 ～ 5 片

◎作法

1 將 A 放進鍋裡混合均勻後開火，邊攪
　 拌邊熬煮，等變得濃稠後拌入奶油，
　 熄火。

2 將喜歡的餡料和 [生薑豆味噌肉燥] 滿
　 滿鋪在紅葉萵苣上，捲起來享用。

◎生薑女神's小妙招

生薑豆味噌肉燥的滋味濃郁甘甜，即使
不當配料，小口小口地下酒也很不錯。
此外，盛在白飯上或當做生菜的沾醬，
也能迸出好滋味。

生薑
豆味噌肉燥

119

就連塔塔醬也要加生薑

薑味胡椒香煎雞排
佐生薑羅勒塔塔醬

◎材料（2人份）

雞胸肉…1 塊

A | 薑粉…1/2 小匙
  | 鹽…適量
  | 粗粒黑胡椒…適量

麵粉…2 大匙

橄欖油…1 大匙

酒…2 大匙

◎作法

1 將 A 撒在雞胸肉的兩面，接著沾裹
　大量麵粉。

2 將橄欖油倒進平底鍋裡，開中火加
　熱，再把 1 的雞胸肉帶皮的那一面
　放進鍋裡煎，等變成黃褐色後就翻
　面，淋上酒，蓋上鍋蓋燜燒。

3 雞肉切成容易入口的大小，淋上 [生
　薑羅勒塔塔醬] 享用。

[生薑羅勒塔塔醬]

◎材料（便於製作的份量）

生薑（切末）…10g

洋蔥（切末）…1/2 個

酸黃瓜（切末）…1 條

美乃滋…3 大匙

凱撒沙拉醬（市售品）…3 大匙

羅勒…適量

鹽・胡椒…各少許

◎作法

1 洋蔥泡水去除澀味後，與生薑、酸
　黃瓜、撕成小片的羅勒、美乃滋和
　凱撒沙拉醬混合，再以鹽和胡椒調
　味。

薑片也能這樣直接吃

生薑味噌燉豬肉高麗菜

◎材料（2人份）

五花豬肉塊…250g

高麗菜…150g（約3片）

洋蔥…200g（中1個）

A｜ 生薑高湯醬汁（參照 P.14，
市售的日式沾麵醬汁亦可）…1/2 杯

生薑（切片）…10g

水…4 杯

砂糖…3 大匙

味噌…3 大匙

辣椒圓片…少許

◎作法

1 高麗菜切成小片，洋蔥也切成大片瓣狀。

2 將 A 放進鍋裡，再把 1 的食材和整塊豬肉也放進去，開小火煮 45 分鐘～ 1 小時。

3 將豬肉切成適當的厚度，盛入器皿中。

Column 手工藝篇 ③

圍裙設計與麻繩藝術家

我是從設計工作服起家的

↑把我的點子變成這麼漂亮的圍裙的人，是我念美術大學時的好朋友YUKO！→這些都是麻繩藝品。很有味道對吧？

儘管我們店裡的圍裙已經全部都是我做的了，但我心中對圍裙設計的狂熱，最近卻又再度燃燒了起來！既然要做菜，何不穿著可愛的圍裙開心去做呢？於是我把就讀美術大學時自行設計與染製的布料，以及經營「生薑」工作服專賣店時剩下的布料回收利用，不斷構思如何做出可愛的圍裙。因為是自行回收、自由利用，所以我把這件事取名為「自回收」，此外，我也會利用均一價商店販賣的麻繩進行自回收。每天晚上我都獨自一人邊喝酒邊製作帽子、髮夾、包包等配件，現在也積極從事麻繩藝術工作呢！

生薑滷牛肉

生薑莎莎醬

生薑與墨西哥風味
意外合拍！

大家一起捲起來
墨西哥薄餅
派對！

市售的墨西哥薄餅意外地方便！
又輕又薄，可以鋪上滿滿的
新鮮蔬菜和餡料享用。

◎材料（4～5人份）

墨西哥薄餅（市售品／輕輕烘烤就很好吃）…4～5 片

萵苣…4～5 片

炸冬粉（將冬粉飛快地高溫油炸即可）…適量

與莎莎醬一起品嚐更顯美味！

生薑滷牛肉

◎材料（便於製作的份量）

碎牛肉…100g

太白粉水…適量

薑蒜芝麻油（參照 P.15）…1 大匙

A｜生薑高湯醬汁（參照 P.14）

　　…4 大匙

　　砂糖…2 大匙

　　酒…2 大匙

　　水…1/2 杯

　　山椒粉…少許

◎作法

1 薑蒜芝麻油倒進鍋裡加熱，等飄出香味後，就加入切碎的牛肉翻炒。

2 倒入 A，開小火煮到湯汁收乾為止。接著將太白粉水繞圈淋上去，迅速攪拌混合。

大量生薑和番茄的酸味清爽極了

生薑莎莎醬

◎材料（便於製作的份量）

洋蔥…1/2 個

番茄…1 個

生薑（切末）…20g

莎莎醬（市售品）…120g

檸檬汁…1 大匙

百里香…少許

◎作法

1 洋蔥切成碎末，泡水去除澀味。

2 番茄切成粗末，與瀝乾水分的 1 和其他材料混合。

魚類
主菜

搭配日本酒和白酒的食材
果然非魚莫屬。
用生薑打造時尚的迷人香味!

以生薑提味的「洋風照燒鰤魚」

香煎鰤魚佐薑味巴沙米克醋醬

◎材料（2人份）

鰤魚…2 片

麵粉…1 大匙

紅酒…2 大匙

橄欖油…2 大匙

A│生薑（磨泥）…1 大匙

　│酒…2 大匙

　│醬油…2 大匙

山椒葉…適量

紅椒…1 個

◎作法

1 鰤魚泡在 A 中醃漬約 30 分鐘。

2 橄欖油倒在平底鍋裡加熱，將 1 的鰤魚兩面沾滿麵粉後放入鍋裡，煎成金黃色，再倒入紅酒，蓋上鍋蓋燜燒。

3 將鰤魚盛入器皿中，淋上 [薑味巴沙米克醋醬]，以山椒裝飾。配上稍微煎過的紅椒當配菜。

[薑味巴沙米克醋醬]

◎材料（便於製作的份量）

A│生薑（切末）…10g

　│大蒜（切末）…1 瓣

　│辣椒圓片…少許

　│橄欖油…1 大匙

B│生薑高湯醬汁（參照 P.14，市售的日式沾麵醬汁亦可）…2 大匙

　│巴沙米克醋…2 大匙

　│砂糖…1 大匙

　│紅酒…1 大匙

奶油…10g

◎作法

1 將 A 倒進平底鍋裡加熱，等飄出香味後，將 B 倒進去，最後加入奶油，熄火。

薑絲會散發出極為美妙的滋味

生薑味噌鋁箔
烤旗魚木耳

◎材料（2人份）

旗魚⋯2 片

木耳（用水泡開）⋯20g

長蔥（斜切）⋯約 10cm

生薑（切絲）⋯5g

柚子皮⋯少許

奶油⋯10g

A｜水⋯1/2 杯

　｜日式白醬油⋯1 大匙

　｜味噌⋯1 大匙

　｜砂糖⋯1/2 大匙

　｜酒⋯2 大匙

鴨兒芹⋯適量

◎作法

1 旗魚片切成容易入口的大小。

2 攤開鋁箔紙，擺上 1 的旗魚、木耳和長蔥，淋上混合均勻的 A。接著放上生薑、柚子皮和奶油，以烤箱或烤魚盤烘烤約 15 分鐘。

3 打開鋁箔紙，以鴨兒芹裝飾。

只要淋上薑蒜芝麻油就搞定！

簡單的義式涼拌生薑鮪魚

◎材料（2人份）

鮪魚生魚片⋯1 塊

砂糖⋯1 小匙

薑蒜芝麻油（參照 P.15）⋯3 大匙

岩鹽⋯少許

粗粒黑胡椒⋯少許

羅勒⋯適量

◎作法

1 鮪魚切成薄片，沾裹砂糖，排在盤子裡。

2 薑蒜芝麻油倒進鍋裡加熱，飄出香味後，隨即倒在 1 的鮪魚上。接著整盤撒上岩鹽和粗粒黑胡椒，以羅勒裝飾。

沙丁魚和生薑果真是出了名的好搭檔

生薑沙丁魚丸湯

◎材料（**2**人份）

沙丁魚…2 條

A 生薑（切末）…10g
　　長蔥（切末）…1/2 條
　　酒…1 大匙
　　味噌…1 大匙
　　麵粉…1 大匙
　　鹽・胡椒…各少許

牛蒡…30g

蘿蔔…30g

B 生薑（切絲）…10g
　　味醂…1 大匙
　　酒…2 大匙
　　日式白醬油…2 大匙
　　水…2 杯

鴨兒芹…適量

青柚皮…適量

◎作法

1 以三枚切法將沙丁魚分成 3 片，取魚肉用菜刀拍打後，與 **A** 混合。

2 牛蒡削成薄片，泡水去除澀味。蘿蔔切絲。

3 將 **B** 和 **2** 放進鍋裡煮沸後，用湯匙等工具舀起 **1** 的食材，塑成丸子狀加進去。等魚丸煮熟後，盛入器皿中，以鴨兒芹和青柚皮裝飾。

以味噌×美乃滋的風味襯托清淡的鱈魚

生薑味噌香烤鱈魚

◎材料（2人份）

新鮮鱈魚…2 片

A │ 生薑（磨泥）…1 大匙
  │ 味噌…2 大匙
  │ 味醂…2 大匙
  │ 酒…1 大匙

B │ 醬油…1/2 大匙
  │ 水…1/2 大匙
  │ 砂糖…1/2 小匙

美乃滋…1 大匙

生薑（切絲）…少許

◎作法

1 將 A 混合均勻，塗抹在鱈魚兩面，放進冰箱裡靜置 1 小時。

2 從冰箱裡取出鱈魚，剔除附在表面的味噌和生薑（暫時放在別的容器裡）。接著用烤魚盤或烤箱烘烤鱈魚約 15 分鐘。

3 將 B 加入 2 剔除的味噌和生薑中混合。用微波爐加熱 1 分鐘，再加入美乃滋拌勻。

4 將 3 的醬汁淋在烤好的鱈魚上，擺上薑絲。

沙丁魚丸

鮮蝦鱈寶丸

雞肉丸

黑芝麻
生薑醬

蔥薑辣油

生薑柑橘醋

享用更多美味的生薑！③

用生薑與火鍋讓人從體內
溫暖起來！

讓大家都暖呼呼的
生薑丸子鍋
派對！

寒冷的季節就該吃火鍋！
湯頭和餡料裡都加了滿滿的生薑。
請好好享用3種不同口味的丸子！

◎材料（4～5人份）

火鍋湯底

| 鴻喜菇…100g
| 生薑（切絲）…10g
| 水…3 杯
| 雞湯粉…1 大匙
| 日式白醬油…1 大匙

水菜…適量

◎作法

1 將湯底的材料放進鍋裡煮沸後，把 3 種丸子加進去煮熟。最後擺上水菜。

充分濃縮了沙丁魚的高湯和美味！

沙丁魚丸

◎材料（便於製作的份量）

沙丁魚…2 條（中，約 150g）

A | 生薑（磨泥）…10g
  | 長蔥（切末）…約 10cm
  | 雞蛋…1/3 個　酒…1 小匙
  | 麵粉…2 大匙
  | 鹽・胡椒…各少許

炸油…適量

◎作法

1 沙丁魚剖開後，用菜刀拍打魚肉，再加入 A 一起剁成泥。接著用 2 根湯匙塑成丸子狀，放進 180℃的油裡直接油炸。

鬆軟又有彈性的口感讓人停不了筷子！

鮮蝦鱈寶丸

◎材料（便於製作的份量）

冷凍蝦仁…180g

鱈寶…110g

A | 生薑（切末）…10g
  | 長蔥（切末）…約 10cm
  | 雞蛋…1/3 個　酒…1 小匙
  | 太白粉…1 大匙
  | 鹽・胡椒…各少許

◎作法

1 將冷凍蝦仁和鱈寶切碎，用菜刀拍打，再加入 A 一起剁成泥。接著用 2 根湯匙塑成丸子狀，放進 180℃的油裡直接油炸。

充分發揮生薑風味的清爽料理
雞肉丸

◎材料（便於製作的份量）

雞胸肉…200g

A 生薑（磨泥）…10g
長蔥（切末）…約 10cm
雞蛋…1/3 個　酒…1 小匙
太白粉…1 大匙
鹽・胡椒…各少許

◎作法

1 將雞胸肉剁碎，用菜刀徹底拍打，加入 A 一起剁成泥。煮滾一鍋水（另外準備），用 2 根湯匙將雞肉泥塑成丸子狀，放進鍋裡水煮。

[黑芝麻生薑醬]

◎材料（便於製作的份量）

生薑（切末）…5g
黑芝麻醬…1 大匙
芝麻沙拉醬（市售品）
…3 大匙
辣油…少許
炒白芝麻…適量

◎作法

1 將所有材料混合，盛入器皿中，再撒上炒白芝麻。

[生薑柑橘醋]

◎材料（便於製作的份量）

生薑（磨泥）…5g
柑橘醋醬油…2 大匙

◎作法

1 將材料混合即可。柑橘醋醬油和生薑的份量要配合人數，依喜好調整。

[蔥薑辣油]

材料與作法參照 P.72。

Column 生薑人際圈！

The Gingers與生薑之旅

←現場演唱的情形。不知為何每次的服裝都整齊劃一。↓攝於高知縣。能夠體驗採收生薑的過程，親眼看到成品一路出貨，真是難得的機會。

7年前，我與在地人士組成了"The Gingers"合唱團，從AKB到松田聖子（！？），什麼歌都唱，每個月練習2次，還會舉辦季節性的街頭演唱會。這項活動原本是我和天生就很會唱歌的朋友共同發起的，現在完全變成讓我可以重振精神的寶貴時光。此外，我們店裡會進高知縣的「香生薑」（香氣宜人，生產者為香織小姐，故而得名），自從配合香生薑的收穫期與店裡的員工去高知旅行後，由生薑聯繫起來的人際圈就變得愈來愈大了。

Part 10

收尾餐點

真是的！肚子都快撐破了，
卻還是忍不住想吃點什麼收尾……
這就是酒徒的真性情！
從米飯、麵類到湯品應有盡有！

風味取決於「薑蒜芝麻油」！

生薑女神的生薑炒飯

◎材料（1人份）

白飯…1 碗

長蔥（切粗末）…約 10cm

培根（切成 1cm 寬）…50g

雞蛋…1 個

薑蒜芝麻油（參照 P.15）…2 大匙

昆布茶…1 小匙

鹽・胡椒…各少許

義大利香芹…適量

◎作法

1 將 1 大匙薑蒜芝麻油倒進加熱過的平底鍋裡，再將蛋液倒進去迅速攪拌後取出。

2 同樣再將 1 大匙薑蒜芝麻油倒進平底鍋裡，加入長蔥與培根翻炒，再倒入白飯均勻拌炒。

3 接著加入昆布茶、鹽和胡椒調味，再加入 1 的雞蛋，迅速混拌後熄火。盛入器皿中，撒上義大利香芹。

◎生薑女神's小妙招

這道料理是我的起點，曾在烹飪競賽中獲得特別獎。當初就是它讓我想到要開一間生薑料理專賣店，看似簡單的炒飯，卻別有一番風味，都要歸功於生薑！

味噌的香氣教人按捺不住

罐頭秋刀魚烤飯糰

◎材料（2～3人份）

白飯…1 又 1/2 碗

A｜罐頭秋刀魚…60g

　｜生薑（切末）…5g

　｜醬油…少許

　｜炒芝麻…適量

味噌…1 大匙

◎作法

1 白飯與 A 混合均勻，捏成飯糰。單面抹上味噌，用烤箱或烤魚盤烤到表層的味噌呈焦黃色為止。

明明是收尾餐點……卻濃郁得讓人還想再喝酒！

生薑墨魚義式燉飯

◎材料（2人份）

墨魚…1 尾

A｜醬油…1 大匙

　｜酒…2 大匙

　｜砂糖…1/2 大匙

　｜韓式辣醬…1 大匙

B｜薑蒜芝麻油（參照 P.15）…1 大匙

　｜辣椒圓片…少許

白飯…1 碗

水…1/2 杯

奶油…10g

帕瑪森起司…適量

荷蘭芹…適量

◎作法

1 將墨魚的軀幹、臟腑（內臟部分）和觸鬚分開。除去軟骨和墨袋，邊清洗觸鬚邊將吸盤刮除。軀幹的部分切成圈狀，觸鬚則切成容易入口的大小。

2 將內臟個別取出，與 A 和 1 的食材一起混合。

3 將 B 倒入平底鍋加熱，等飄出香味後，就將 2 的食材放進去迅速翻炒。接著加入白飯和水，用中火煮到汁液收乾為止。

4 熄火後加入奶油混拌，撒上帕瑪森起司和荷蘭芹。

可預先做起來！對胃很溫和，請安心享用
梅子柴魚味噌茶泡飯

◎材料（1人份）

雜糧飯…1 碗

熱水…適量

烤海苔…適量

山葵泥…適量

◎作法

1 將梅子柴魚生薑味噌放在白飯上，注
  入熱水即可。最後再依喜好加上烤海
  苔或山葵泥。

[梅子柴魚生薑味噌]

◎材料（便於製作的份量）

生薑（磨泥）…10g

梅乾…2 顆

柴魚花…5g

味噌…1/2 大匙

◎作法

1 用菜刀剁碎梅乾，與其他材料混
  合即可。

◎生薑女神's小妙招

梅子柴魚生薑味噌不但能配飯，也
可以和山藥泥拌著吃，或是加入清
湯烏龍麵裡。放進冰箱冷藏大約可
以保存 1 個月，是酒徒小菜和收尾
餐點的最佳幫手。

鹽麴和生薑相當對味

生薑滑菇炊飯

◎材料（3～4人份）

A｜豆皮…1 片
　　滑菇（瓶裝）…3 大匙
　　生薑（切絲）…10g
　　昆布絲…5g
　　鹽麴…2 大匙
　　酒…2 大匙
米…2 杯量米杯
珠蔥（切蔥花）…少許
烤海苔（撕碎）…少許

◎作法

1 將 A 的豆皮切細絲。
2 將洗好的米與 A 放進電鍋，將水（另外準備）加到 2 杯米的刻度後炊煮。
3 撒上珠蔥，依喜好添加烤海苔。

和風的俄式洋蔥炒牛肉

紅酒生薑牛丼

◎材料（1人份）

碎牛肉…200g
洋蔥（切片）…1/2 個
紅酒…1/3 杯
薑蒜芝麻油（參照 P.15）…1 大匙

A｜生薑高湯醬汁
　　（參照 P.14）…3 大匙
　　砂糖…1/2 大匙
　　味醂…1 大匙
　　水…2 大匙
白飯…1 碗
生薑（磨泥）…適量
紅薑…適量
珠蔥（切蔥花）…適量

◎作法

1 薑蒜芝麻油倒進平底鍋加熱，等飄出香味後，加入牛肉和洋蔥翻炒，變色後倒入紅酒烹煮，使酒精蒸發。
2 加入 A，以小火煮 2～3 分鐘。
3 依喜好擺上生薑、紅薑或撒上珠蔥。

生薑能夠凸顯海鮮的風味

平底鍋版和風生薑海鮮燉飯

◎材料（4～5人份，
　　使用直徑26cm的平底鍋）

免洗米…2 杯量米杯

熱水…4 杯

淡菜…5 ～ 6 個

蝦子…5 ～ 6 隻

墨魚…1 尾

番茄…5 個

青花菜…1/4 個

牛蒡…約 10cm

水煮竹筍…1/2 個

蘑菇…2 顆

A│ 生薑（切絲）…10g
　│ 大蒜（切末）…1 瓣
　│ 辣椒圓片…1 根份
　│ 芝麻油…2 大匙

B│ 日式白醬油…2 大匙
　│ 雞湯粉…2 大匙
　│ 酒…2 大匙

珠蔥…適量

◎作法

1 將米泡在水裡。牛蒡削成薄片，泡水
　去除澀味。接著處理墨魚（參照 P.144
　的作法 1），將軀幹與觸鬚切成容易
　入口的大小（內臟則捨棄不用）。其
　他材料也都切成容易入口的大小。

2 平底鍋加熱，倒入 A，再加入免洗米
　翻炒 2 ～ 3 分鐘。

3 倒入熱水，把材料均勻美觀地排進去，
　再繞圈淋上 B。接著蓋上鍋蓋，以小
　火煮 20 ～ 30 分鐘，煮到水分收乾後
　熄火。

4 依喜好撒上珠蔥。

深夜的異國風炒麵～生薑豬肉豆芽芡汁～

◎材料（2～3人份）

炒麵麵條…1 球

薑辣粉…1 大匙

芝麻油…2 大匙

黃芥末醬…適量

柑橘醋醬油…適量

[生薑豬肉豆芽芡汁]

豬絞肉…100g

豆芽…1 袋

青江菜…1 把

A | 生薑（切末）…10g
  | 大蒜（切片）…1 瓣
  | 辣椒圓片…少許
  | 芝麻油…1 大匙

B | 酒…2 大匙
  | 雞湯粉…2 大匙
  | 水…1 杯

太白粉水…適量

鹽・胡椒…各少許

◎作法

1 將水（另外準備）灑在麵上，把麵條撥散，沾裹上薑辣粉。

2 芝麻油倒進加熱的平底鍋裡，將 **1** 分成 **5** 等份後放進去，用鍋鏟加壓，將兩面煎成金黃色。

3 製作生薑豬肉豆芽芡汁。將 **A** 放進平底鍋裡加熱，等飄出香味後，加入豬絞肉迅速翻炒。接著將豆芽與切成適當大小的青江菜加進去，再倒入 **B**，煮沸後用太白粉水勾芡，以鹽和胡椒調味。

4 將 **3** 盛入器皿中，再把 **2** 的麵擺上去，蓋住芡汁。最後從芡汁中取出少許青江菜，放在最上面增添色彩。

[薑辣粉]

◎材料（便於製作的份量）

薑粉（市售品）…1/2 小匙

麵粉…3 大匙

太白粉…3 大匙

泡打粉…1 小匙

蒜粉…1/2 小匙

咖哩粉…1 大匙

鹽・胡椒…各少許

山椒粉…少許

肉荳蔻…少許

◎作法

1 將所有材料混合即可。

◎生薑女神's小妙招

薑辣粉放進冰箱冷藏大約可以保存 1 個月。除了摻入油炸食品的麵衣裡，也可以在烤肉時派上用場，輕鬆做出香辣牛排！

醬汁和麵衣渣裡都加了生薑

生薑麵衣渣烏龍麵

◎材料（1人份）

薑黃烏龍麵（普通烏龍麵亦可）

…1球

雞胸肉（切薄片）…50g

長蔥（切蔥花）…適量

柚子皮…少許

A | 生薑高湯醬汁（參照 P.14）
　 | …1/3 杯
　 | 和風高湯粉…1 大匙
　 | 水…1 又 1/2 杯

◎作法

1 將 A 放進鍋裡加熱，加入雞肉和烏龍
　麵煮沸。盛入器皿中，擺上 [生薑麵衣
　渣] 和長蔥，再依喜好以柚子皮裝飾。

[生薑麵衣渣]

◎材料（便於製作的份量）

B | 薑粉（市售品）…1/3 小匙
　 | 天婦羅粉…3 大匙
　 | 水…3 大匙

炸油…適量

◎作法

1 用 4 根筷子將 B 混合均勻，淋在 180℃
　的油裡，麵衣渣就完成了。

用生薑與檸檬烹調出餘味清爽的料裡

薑味檸檬奶油培根義大利麵

◎材料（1人份）

義大利寬板麵…80g

A | 大蒜（切末）…1 瓣
　　 生薑（切末）…10g
　　 橄欖油…2 大匙

B | 蛋黃…1 個
　　 檸檬汁…2 大匙
　　 鮮奶油…4 大匙
　　 帕瑪森起司…1 大匙

鹽・胡椒・粗粒黑胡椒…各少許

羅勒…1 片

檸檬皮（切絲）…少許

◎作法

1 用大量的熱水（另外準備）烹煮義大利寬板麵（不加鹽）。

2 將 **A** 放進平底鍋加熱，等飄出香味後就熄火，加入事先拌勻的 **B** 和 1 大匙熱水（另外準備）迅速混合，再將 1 加進去沾裹醬汁。

3 用鹽和胡椒調味，依喜好以羅勒和檸檬皮裝飾，再撒上粗粒黑胡椒。

生薑女神的基本款湯品，適合宿醉隔天早上享用

蔬菜滿滿！義式年糕雜菜湯

◎材料（2～3人份）

生薑（切末）…10g

紅椒・黃椒…各1/4個

洋蔥…1/2個　芹菜…1/2根

紅蘿蔔…1/2條

馬鈴薯…1個

火腿…4片　日式年糕…1塊

牛奶…1/2杯

鹽　・　胡椒…各少許

A ｜ 番茄罐頭…1罐
　｜ 高湯塊…2塊
　｜ 水…3杯

◎作法

1 蔬菜、火腿和年糕統統切成約1cm寬的小丁。

2 將A和年糕以外的1放進鍋裡，以鹽和胡椒調味。等鍋裡的食材煮熟後，將年糕和牛奶加進去再煮2～3分鐘。

日西合璧的湯品，奶油風味新鮮迷人！

韭菜山藥泥生薑蛋花麵線

◎材料（1人份）

韭菜（切成 5cm 長）⋯5g

山藥（磨泥）⋯約 6cm 份

生薑（切絲）⋯10g

雞蛋⋯1 個

麵線⋯1 束

奶油⋯10g

A｜日式白醬油⋯2 大匙

　｜雞湯粉⋯1 大匙

　｜酒⋯2 大匙

　｜水⋯2 杯

◎作法

1 將韭菜、山藥、生薑加入蛋液裡混合。

2 將 A 倒進鍋裡，沸騰後加入麵線煮 2～
　 3 分鐘。接著將 1 繞圈淋上去，熄火。

3 盛入器皿中，放上奶油。

温和地沁入酒後的胃袋與心靈……

生薑餛飩味噌蜆湯

◎材料（2～3人份）

A | 蜆仔…100g
　 | 生薑（切末）…10g
　 | 和風高湯粉…1 大匙
　 | 水…3 杯

味噌…2 大匙
餛飩皮（切成 1cm 寬）…5 片
珠蔥（切蔥花）…適量
辣椒絲…適量

◎作法

1 將 A 放進鍋裡煮沸後，溶入味噌。接著加入餛飩皮煮熟後熄火。依喜好撒上珠蔥和辣椒絲。

生薑女神的裸足傳說

我視若
珍寶的
拖鞋

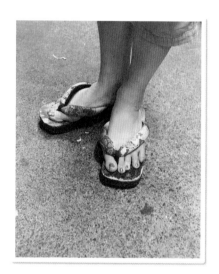

回想起來，我從小就很喜歡光
著腳呢⋯⋯

不管是去店裡也好，上電視節目也罷，我一貫赤腳加拖鞋的
裝扮總是讓人大吃一驚。常常有人說：「這是因為妳每天都
吃生薑嘛！」儘管八成是因為這樣沒錯，但我之所以持續使
用生薑，只是因為我認為「生薑是料理中不可或缺的美味元
素」，至於生薑和赤腳有什麼關聯，其實我並不清楚。不過，
我完全不怕冷，也不常感冒，雖然店裡的員工在冬天都會打
赤腳工作，但每個人都精神百倍、活力充沛。這麼說來，生
薑果然威力十足呢！

Part

11

甜點

有人說，甜點是裝在另一個胃裡！
即使是甜點，
也能藉由生薑提引出美妙的滋味喔。

生薑香氣四溢，彈牙的口感讓人上癮

生薑檸檬軟糖

◎材料（便於製作的份量）

明膠…30g

水…150ml

檸檬皮（日本產，磨泥）…少許

A | 生薑糖漿（參照 P.16）…3 大匙
　 | 檸檬汁…2 大匙
　 | 麥芽糖…2 大匙
　 | 水…1 杯

細砂糖…適量

◎作法

1 將明膠用水泡軟備用。

2 將 A 倒進鍋裡加熱後，加入 1 的明膠，熄火。溶化後倒進方盤中，加入檸檬皮混合，放涼後再放進冰箱冷藏。

3 等到凝固後切丁，撒上細砂糖。

160

享受沙沙黏黏的雙重口感

棉花糖薑味牛奶糖裹粗砂糖

◎材料（便於製作的份量）

A | 棉花糖…50g
  | 生薑糖漿（參照 P.16）…1 大匙
  | 奶油…10g
鮮奶油…1 大匙
粗砂糖…3 大匙

◎作法

1 將 A 放進鍋裡，以小火加熱，一邊用
  木勺攪拌，讓材料溶化。接著熄火，
  加入鮮奶油混合，倒進方盤中。放涼
  後再放進冰箱冷藏，使其凝固。

2 等到凝固後切成容易入口的大小，裹
  上粗砂糖。

161

散發些許香氣的生薑與清爽的檸檬很對味

薑味檸檬雪酪佐焦糖醬汁

◎材料（便於製作的份量）

氣泡水⋯2 杯

生薑糖漿（參照 P.16）⋯1/2 杯

煉奶⋯2 大匙

檸檬汁⋯1 個份

檸檬皮（日本產，磨泥）⋯少許

[焦糖醬汁]

砂糖⋯2 大匙　水⋯2 大匙

◎作法

1 將雪酪的材料混合均勻，倒進方盤中冷凍。

2 等稍微凝固後就取出，用湯匙等工具刨起、混拌，再度放進冷凍庫裡冷凍30 分鐘左右。

3 製作焦糖醬汁。將砂糖和水倒進鍋裡熬煮，開始冒泡沸騰後，就熄火再攪拌。

4 將 2 盛入器皿中，淋上 3 的醬汁。

生薑與藍莓的搭配特色十足

咕嚕滑嫩藍莓果凍

◎材料（便於製作的份量）

明膠…5g

水…2 大匙

檸檬汁…1 大匙

A｜生薑糖漿（參照 P.16）…1/3 杯

　｜藍莓…120g

　｜水…3 杯

發泡鮮奶油…適量

薄荷葉…適量

◎作法

1 將明膠用水泡軟備用。

2 將 A 放進鍋裡（要留幾顆藍莓裝飾用），開小火煮 15 ～ 20 分鐘後熄火。接著倒入 1，溶化後加入檸檬汁混合。

3 放涼後倒入器皿中，放進冰箱冷藏，使其凝固。

4 以發泡鮮奶油、藍莓和薄荷葉裝飾。

微甜的紅豆與濃郁的生薑搭配得恰到好處

罐頭紅豆清爽薑味冰淇淋

◎材料（便於製作的份量）

罐頭紅豆（加糖）…200g

氣泡水…1 杯

生薑糖漿（參照 P.16）…3 大匙

牛奶…3 大匙

◎作法

1 將所有材料混合後倒入方盤，放進冷凍庫裡冷凍。

2 等凝固後用湯匙等工具刨起、混拌，再度放進冷凍庫裡冷凍。

3 依喜好放上沾裹生薑糖漿的生薑片。

Part 12

生薑酒品

這就是生薑的潛力！
只要加入生薑，
喝慣的酒就會變得更可口，
讓人更沉醉！

用生薑的辛辣凝縮酒的甘甜，
是一款屬於大人的酒

生薑卡魯哇咖啡
香甜酒

檸檬與生薑的雙倍清爽
與啤酒混搭！

檸檬薑汁啤酒

散發南國風情，
莫吉托雞尾酒也要加生薑！

馬里布蘭姆酒風味
薑汁莫吉托

多麼亮麗的色澤！
是我特別喜歡的雞尾酒

薑汁綠色蚱蜢
雞尾酒

生薑卡魯哇咖啡香甜酒

◎材料（1杯份）

卡魯哇咖啡香甜酒

…單份（30ml）

甜酒…60ml

牛奶…60ml

生薑（磨泥）…少許

冰塊…適量

薄荷葉…適量

生薑皮…適量

◎作法

1 將冰塊放進玻璃杯，依序
　注入卡魯哇咖啡香甜酒、
　甜酒和牛奶，接著放入生
　薑皮，再擺上薑泥和薄荷
　葉。

檸檬薑汁
啤酒

◎材料（1杯份）

生薑糖漿（參照 P.16）

…1 大匙

檸檬汁…1 大匙

啤酒…1 杯

生薑皮…適量

◎作法

1 將生薑糖漿和檸檬汁倒進
　玻璃杯，注入啤酒混合。
　接著放入生薑皮，添加檸
　檬（另外準備）。

馬里布蘭姆酒風味
薑汁莫吉托

◎材料（1杯份）

馬里布椰子蘭姆酒…2 大匙

生薑糖漿（參照 P.16）

…1 大匙

氣泡水…適量

薄荷葉…適量

萊姆汁…1/6 個份

冰塊…適量

◎作法

1 將冰塊放進玻璃杯，用氣泡
　水稀釋馬里布蘭姆酒。接著
　加入其他材料混合，以萊姆
　圓片（另外準備）裝飾。

薑汁綠色蚱蜢
雞尾酒

◎材料（1杯份）

胡椒薄荷利口酒

…雙份（60ml）

生薑糖漿（參照 P.16）

…1/2 大匙

鮮奶油…60ml

冰塊…適量

薄荷葉…適量

◎作法

1 將薄荷葉以外的所有材料放
　進雪克杯裡搖勻。假如沒有
　雪克杯，就倒進缽裡用打蛋
　器拌勻，注入裝有冰塊的玻
　璃杯裡。以薄荷葉裝飾。

辛香料的香氣搔動嗅覺
薑汁熱酒

◎材料（1杯份）
紅酒…1 杯
生薑糖漿（參照 P.16）…1 大匙
肉桂棒…1 根
丁香…少許
生薑皮…適量

◎作法
1 將紅酒、肉桂棒和丁香放進鍋裡
　加熱，最後再將生薑糖漿和生薑
　皮放進去混合。

有點精神不濟時來一杯，
讓人從體內暖和起來！
生薑蛋酒

◎材料（1杯份）
日本酒…1 杯
雞蛋…1 個
生薑（磨泥）…少許

◎作法
1 將日本酒倒進鍋裡煮，在即將沸
　騰時熄火。
2 將 1 倒進蛋液裡，用打蛋器混合
　後加入薑泥。

食材分類索引

蔬菜

肉類

海鮮

菇類

豆類・豆類製品

※本索引是以各食譜的重要食材為主。

生薑女神的悄悄話　～後記～

「森島女士，您到底都幾點睡啊？」
最近經常有人這麼問我。

我總是早上7點就起床，做早餐跟孩子的爸（我老公）一同享用，接著做家事，過了10點再去店裡。忙碌的午餐時間結束之後，就和店裡的夥伴一起吃伙食，共享遲來的午餐。下午5點回家準備晚餐，孩子的爸每天下班後都會先喝一杯，晚餐後我們會再一起小酌，一邊看電影或連續劇，他會在晚上11點左右就寢。

接下來，就是屬於我個人的時間了。我會一邊喝酒、配下酒菜，一邊構思嶄新的生薑料理，或是發送電子郵件、設計圍裙、製作麻繩藝品或飾品、畫圖、寫菜單，有時甚至還會作詞（！？）……。

想做的事情接二連三冒出來，
時間根本不夠用呢！

今年（2013）2月我已經滿60歲了，想做的事情卻愈來愈多，就連假日都在做陶器、玩攝影、參加合唱團的練習和發表會等，還得參加孫子們的運動會！

儘管日子過得匆忙，卻每天都很開心，也感到非常幸福。我不常感冒也不怕冷，猛然回頭，才發覺自己竟然在沒出現更年期障礙的情況下度過了更年期……雖然有點自賣自誇，但我向來精力充沛、不知何謂疲累，一切都是托生薑的福。

製作這本書給了我一個絕妙的機會，除了能運用生薑構思新的下酒菜食譜，出版社還讓我親自畫插圖、自由選擇器皿和擺盤。能夠向所有讀者介紹自己認真投入的各項活動，讓我沉浸在無比的喜悅中，也使我得以重新審視自己的過去、現在與未來。原本就很喜歡「手工藝」的我，似乎也透過這本書找回了身為設計師的初衷。

21年前，身為全職主婦的我在開設第一家店面時忽然靈光一現，於是將店鋪命名為「生薑（shoga）」。

生薑在我心目中是不可或缺的寶貴食材。
不但在「烹調」時扮演提味的重要角色，也是為我的「人生」增添風味的幸福調味料。

今晚，我也要與熱愛的酒品和生薑下酒菜，一同細細品味生薑帶來的美好邂逅和極致幸福，同時，也要對所有翻閱本書的讀者表達我由衷的感激之意。

2013年9月吉日
森島土紀子

LOHAS・樂活
生薑女神的養生美容下酒菜

2015年10月初版　　　　　　　　　　　　　定價：新臺幣320元
有著作權・翻印必究
Printed in Taiwan.

著　　　者	森 島 土 紀 子
譯　　　者	李　友　君
發 行 人	林　載　爵

出　版　者　聯 經 出 版 事 業 股 份 有 限 公 司	叢書主編　林　芳　瑜
地　　　址　台 北 市 基 隆 路 一 段 1 8 0 號 4 樓	叢書編輯　林　蔚　儒
編輯部地址　台 北 市 基 隆 路 一 段 1 8 0 號 4 樓	內文排版　王　麗　鈴
叢書主編電話　(0 2) 8 7 8 7 6 2 4 2 轉 2 2 1	封面設計　王　麗　鈴
台北聯經書房：台 北 市 新 生 南 路 三 段 9 4 號	
電　　　話：(0 2) 2 3 6 2 0 3 0 8	
台 中 分 公 司：台 中 市 北 區 崇 德 路 一 段 1 9 8 號	
暨門市電話：(0 4) 2 2 3 1 2 0 2 3	
台中電子信箱　e - m a i l：l i n k i n g 2 @ m s 4 2 . h i n e t . n e t	
郵 政 劃 撥 帳 戶 第 0 1 0 0 5 5 9 - 3 號	
郵 撥 電 話：(0 2) 2 3 6 2 0 3 0 8	
印　刷　者　文 聯 彩 色 製 版 印 刷 有 限 公	
總　經　銷　聯 合 發 行 股 份 有 限 公 司	
發　行　所：台北縣新店市寶橋路235巷6弄6號2樓	
電　　　話：(0 2) 2 9 1 7 8 0 2 2	

行政院新聞局出版事業登記證局版臺業字第0130號

本書如有缺頁，破損，倒裝請寄回聯經忠孝門市更換。　　ISBN　978-957-08-4632-4 (平裝)
聯經網址：www.linkingbooks.com.tw
電子信箱：linking@udngroup.com

攝影　川上輝明（bean）
內頁設計　鈴木徹（豐田 Setsu Design 事務所）
編輯　田中美保（Staff On）

SHOGA MEGAMI NO KANTAN OTSUMAMI 127
by Tokiko MORISHIMA
© Tokiko MORISHIMA 2013
All rights reserved.
Original Japanese edition published by SHOGAKUKAN.
Traditional Chinese translation rights arranged with SHOGAKUKAN, Japan
through THE SAKAI AGENCY and KEIO CULTURAL ENTERPRISE CO., LTD.

Traditional Chinese edition © Linking Publishing Co. 2015

國家圖書館出版品預行編目資料

生薑女神的養生美容下酒菜/森島土紀子著．
李友君譯．初版．臺北市．聯經．2015年10月（民104年）．
176面．14.8×21公分（LOHAS・樂活）
譯自：しょうが女神の簡単おつまみ127
ISBN　978-957-08-4632-4（平裝）

1.食譜　2.薑目

427.1　　　　　　　　　　　　　　　　　　104019822